ユーキャンの

数学検定

ステップアップ
問題集【第4版】

4級

ユーキャンが よくわかる！その理由

でるポイントを重点マスター！

■出題傾向を徹底分析
過去の検定問題を徹底的に分析し，効率的な学習をサポートします。

■分野別学習で苦手克服
出題傾向に合わせた分野別の構成で，苦手分野を重点的に学習することが可能です。

丁寧な解説でよくわかる

■問題ごとにわかりやすく解説
覚えておきたいポイントや間違いやすい箇所を押さえながら，問題を解くのに必要な手順をわかりやすく解説しています。

● 分数のかけ算・わり算
■分数のかけ算は分母どうし，分子どうしをかけます。
$$\frac{b}{a} \times \frac{d}{c} = \frac{b \times d}{a \times c} \begin{array}{l} \leftarrow \text{分子} \\ \leftarrow \text{分母} \end{array}$$
■分数のわり算はわる数を逆数にしてかけます。
$$\frac{b}{a} \div \frac{d}{c} = \frac{b}{a} \times \frac{c}{d}$$
逆数をかける

チャレンジ問題＆検定対策で実践力アップ！

■ステップアップ方式で挑戦できるチャレンジ問題
各レッスンで学習した要点に沿ったチャレンジ問題A・Bで段階的に実践力を身につけることが可能です。

A チャレンジ問題

得点
全25問

解き方と解答 28~33ページ

1 次の計算をしなさい。

■予想模擬（2回分）＋過去問（1回分）を収録
学習の総まとめとして，時間配分を意識しながら挑戦してみましょう。

本書の使い方

●出題傾向を把握

『ここが出題される』で出題傾向を確認し，学習に入る準備をしましょう。

> ここが
> 出題される ▶

※出題傾向は，過去問題の分析がもとになっています。

●POINTを学習

各レッスンで重要となる『POINT』部分をチェックしましょう。

●例題で確認

『POINT』で学習した内容に沿った例題を解き，理解を深めていきましょう。

▶ 例題 1

一緒に学習しよう

とくじろう先生

学習内容についてアドバイスしていきます。
よろしくお願いします。

生徒：かずみさん

みなさんと一緒に学習していきます。
よろしくね。

欄外で理解を深めよう

解法の ツボ？

問題を解くうえで覚えておくと役に立つ情報です。

↩ 確認！

重要語句やポイントを改めて確認します。

注意

間違いやすい部分について解説しています。

---

1 数の計算と比

> ここが
> 出題される

正負の数も含めて，数の計算は，基本的な問題が幅広く出題されます。分数・小数の計算や指数の計算などに慣れておきましょう。また，比を簡単な整数比にする練習をしておきましょう。

POINT 1　分数のかけ算・わり算

▶ 分数のかけ算
・分母どうし，分子どうしをかける。
▶ 分数のわり算
・わる数を逆数にしてかける。

● 分数のかけ算・わり算

■分数のかけ算は分母どうし，分子どうしをかけます。

$$\frac{b}{a} \times \frac{d}{c} = \frac{b \times d}{a \times c} \quad \begin{matrix} \leftarrow \text{分子} \\ \leftarrow \text{分母} \end{matrix}$$

■分数のわり算はわる数を逆数にしてかけます。

$$\frac{b}{a} \div \frac{d}{c} = \frac{b}{a} \times \frac{c}{d}$$

└ 逆数をかける ┘

わる数の分母と分子を入れかえた数をかけることを「逆数をかける」といいます。

▶ 例題 1

$\frac{2}{5} \times \frac{3}{4}$ を計算しなさい。

【解答・解説】

$= \frac{2 \times 3}{5 \times 4}$　分母どうし，分子どうしをかける。

$= \frac{3}{10}$ 答　約分する。

解法の ツボ？

途中で約分できるときは約分することで，計算が簡単になる。

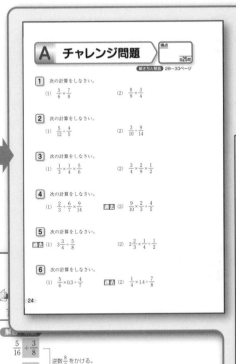

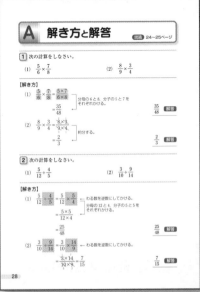

●問題にチャレンジ

学習した内容をしっかりと身に付けるために，実際の過去問題を含むチャレンジ問題に挑戦しましょう。

※難易度はA→Bのステップアップ方式です。
※ **過去** は実際の検定で出題された問題です。

A チャレンジ問題 得点 全25問

解き方と解答 28～33ページ

1 次の計算をしなさい。
(1) $\frac{5}{6} \times \frac{7}{8}$　　　(2) $\frac{8}{9} \times \frac{3}{4}$

2 次の計算をしなさい。
(1) $\frac{5}{12} \div \frac{4}{5}$　　　(2) $\frac{3}{10} \div \frac{9}{14}$

3 次の計算をしなさい。
(1) $\frac{1}{3} \times \frac{1}{4} \times \frac{5}{6}$　　　(2) $\frac{3}{4} \times \frac{2}{9} \times \frac{1}{2}$

4 次の計算をしなさい。
(1) $\frac{2}{3} \div \frac{6}{7} \times \frac{9}{14}$　　**過去** (2) $\frac{9}{10} \times \frac{2}{3} \div \frac{4}{5}$

5 次の計算をしなさい。
過去 (1) $3\frac{3}{4} \div \frac{5}{8}$　　　(2) $2\frac{2}{3} \times \frac{1}{4} \div \frac{1}{2}$

6 次の計算をしなさい。
(1) $\frac{5}{6} \times 0.3 \div \frac{4}{7}$　　**過去** (2) $\frac{1}{4} \times 1.4 \div \frac{7}{8}$

24

A 解き方と解答 問題 24～25ページ

1 次の計算をしなさい。
(1) $\frac{5}{6} \times \frac{7}{8}$　　　(2) $\frac{8}{9} \times \frac{3}{4}$

【解き方】
(1) $\frac{5}{6} \times \frac{7}{8} = \frac{5 \times 7}{6 \times 8}$　分母の6と8，分子の5と7をそれぞれかける。
$= \frac{35}{48}$　　$\frac{35}{48}$ 解答

(2) $\frac{8}{9} \times \frac{3}{4} = \frac{8 \times 3}{9 \times 4}$　約分する。
$= \frac{2}{3}$　　$\frac{2}{3}$ 解答

2 次の計算をしなさい。
(1) $\frac{5}{12} \div \frac{4}{5}$　　　(2) $\frac{3}{10} \div \frac{9}{14}$

【解き方】
(1) $\frac{5}{12} \div \frac{4}{5} = \frac{5}{12} \times \frac{5}{4}$　わる数を逆数にしてかける。
分母の12と4，分子の5と5をそれぞれかける。
$= \frac{5 \times 5}{12 \times 4}$
$= \frac{25}{48}$　　$\frac{25}{48}$ 解答

(2) $\frac{3}{10} \div \frac{9}{14} = \frac{3}{10} \times \frac{14}{9}$　わる数を逆数にしてかける。
$= \frac{3 \times 14}{10 \times 9} \frac{7}{15}$　　$\frac{7}{15}$ 解答

28

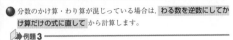

$\frac{5}{16} \div \frac{3}{8}$

$= \frac{5}{16} \times \frac{8}{3}$　逆数 $\frac{8}{3}$ をかける。

$= \frac{5 \times 8}{16 \times 3} = \frac{5}{6}$ 答

POINT 2 分数のかけ算・わり算の混じった計算

すべてかけ算の式に直す。

例 $\frac{2}{5} \div \frac{3}{10} \times \frac{1}{4} = \frac{2}{5} \times \frac{10}{3} \times \frac{1}{4}$
かけ算の式に直す

● 分数のかけ算・わり算が混じっている場合は，**わる数を逆数にしてかけ算だけの式に直して** から計算します。

例題3
$\frac{8}{9} \div \frac{4}{5} \times \frac{3}{10}$ を計算しなさい。

解答・解説

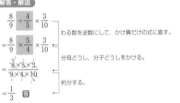

$\frac{8}{9} \div \frac{4}{5} \times \frac{3}{10}$

$= \frac{8}{9} \times \frac{5}{4} \times \frac{3}{10}$　わる数を逆数にして，かけ算だけの式に直す。

$= \frac{8 \times 5 \times 3}{9 \times 4 \times 10}$　分母どうし，分子どうしをかける。

$= \frac{1}{3}$ 答　約分する。

19

●予想模擬＋過去問で学習の総仕上げ

予想模擬（2回）＋過去問（1回）で実力の定着をはかります。
解けなかった問題は別冊の解答解説をしっかり確認しましょう。

目　次

第1章　計算技能検定(1次)対策

第2章　数理技能検定(2次)対策

第3章　予想模擬検定

第4章　過去問題

検定概要

●実用数学技能検定®（数学検定・算数検定）とは

数学検定と算数検定は正式名称を「実用数学技能検定」といい，それぞれ1～5級と6～11級，「かず・かたち検定」があります。公益財団法人日本数学検定協会が実施している数学・算数の実用的な技能を測る検定です。

●1次：計算技能検定について（1級～5級）

おもに計算技能をみる検定で，解答用紙に解答だけを記入する形式です。

●2次：数理技能検定について（1級～5級）

数理応用技能をみる検定で，電卓の使用が認められています。5級から3級までは，解答用紙に解答だけを記入する形式になっており，一部，記述式の問題や作図が出題される場合もあります。準2級から1級までは記述式になっています。

また，学校の教科書で習う一般的な算数・数学の問題の他に，身の回りにある「数学」に関する独自の特徴的な問題も出題されます。

なお，算数検定（6級以下）には1次・2次の区分はありません。

●検定の日程

個人受検（個人で申込み）の場合

4月，7月，10月（または11月）の年3回。公益財団法人日本数学検定協会の指定する会場で，日曜日に受検します。

提携会場受検（個人で申込み）の場合

実施する検定回や階級は，会場ごとに異なります。

団体受検（学校・学習塾など5名以上で申込み）の場合

年15回程度，ほぼ毎月行われ，それぞれの学校・学習塾で受検します。

※詳しい検定日は，実用数学技能検定公式サイトをご覧ください。

（https://www.su-gaku.net/suken/）

▶検定階級と主な検定内容（学年の目安※）

※学習する学年

　準1級から10級までの出題範囲は複数学年にわたります。各階級の出題範囲の詳細は，実用数学技能検定公式サイトをご覧ください。
（https://www.su-gaku.net/suken/）

1 級	微分法，積分法，線形代数，確率，確率分布 など（大学）
準1級	極限，微分法・積分法，いろいろな関数，複素数平面 など（高3）
2 級	指数関数，三角関数，円の方程式，複素数 など（高2）
準2級	2次関数，三角比，データの分析，確率 など（高1）
3 級	平方根，展開と因数分解，2次方程式，相似比 など（中3）
4 級	連立方程式，三角形の合同，四角形の性質 など（中2）
5 級	正負の数，1次方程式，平面図形，空間図形 など（中1）
6 級	分数を含む四則混合計算，比の理解，比例・反比例 など（小6）
7 級	基本図形，面積，整数や小数の四則混合計算，百分率 など（小5）
8 級	整数の四則混合計算，長方形・正方形の面積 など（小4）
9 級	1けたの数でわるわり算，長さ・重さ・時間の単位と計算 など（小3）
10 級	かけ算の意味と九九，正方形・長方形・直角三角形の理解 など（小2）
11 級	整数のたし算・ひき算，長さ・広さ・かさなどの比較 など（小1）

かず・かたち検定	ゴールドスター	10までの数の理解，大小・長短など（小学校入学前）
	シルバースター	5までの数の理解，大小・長短など（小学校入学前）

●検定時間及び問題数

階　級	検定時間		検定問題数	
	1　次	2　次	1　次	2　次
1　級	60分	120分	7問	2題必須・5題より2題選択
準1級	60分	120分	7問	2題必須・5題より2題選択
2　級	50分	90分	15問	2題必須・5題より3題選択
準2級	50分	90分	15問	10問
3　級	50分	60分	30問	20問
4　級	50分	60分	30問	20問
5　級	50分	60分	30問	20問
6～8級	50分		30問	
9～11級	40分		20問	
かず・かたち検定	40分		15問	

●検定料

検定料は受検階級・受検方法によって異なります。

詳しくは，実用数学技能検定公式サイトをご覧ください。

(https://www.su-gaku.net/suken/)

●持ち物（1級～5級）

受検証（個人受検と提携会場受検のみ）・筆記用具・定規・コンパス・電卓
　（定規・コンパス・電卓は，2次：数理技能検定に使用します）

●合格基準

1級～5級

1次：計算技能検定…問題数の70％程度の得点で合格となります。

2次：数理技能検定…問題数の60％程度の得点で合格となります。

6級～11級

問題数の70％程度の得点で合格となります。

かず・かたち検定

15問中10問の正答で合格となります。

●結果の通知

検定実施後約40日程度で，合格者に合格証が，受検者全員に成績票が送付されます。

●合格したら（1級～5級）

① 1次：計算技能検定・2次：数理技能検定ともに合格した人には，実用数学技能検定合格証が与えられます。

② 1次：計算技能検定・2次：数理技能検定のいずれかに合格した人には，該当の検定合格証が与えられます。

▶受検申込み方法

受検方法によって異なります。

詳細については実用数学技能検定公式サイトをご覧ください。

（https://www.su-gaku.net/suken/）

```
――――〈実用数学技能検定についての問い合わせ先〉――――
公益財団法人 日本数学検定協会
〒110-0005　東京都台東区上野5-1-1　文昌堂ビル4階
Tel 03-5812-8349　（受付時間：平日10：00 〜 16：00）
Fax 03-5812-8345　（24時間受付）
公式サイトURL　https://www.su-gaku.net/suken/
```

※記載している検定概要は変更になる場合がありますので，受検される際に
　は公式サイトをご覧ください。

覚えておこう ポイントCheck!

~苦手単元の発見や検定直前の最終チェックに活用しましょう~

分数の計算

■ 分数のかけ算・わり算

・$\dfrac{b}{a} \times \dfrac{d}{c} = \dfrac{b \times d}{a \times c}$

・$\dfrac{b}{a} \div \dfrac{d}{c} = \dfrac{b}{a} \times \dfrac{c}{d}$ ← 逆数をかける。

正負の数の計算

■ かっこのある式の計算

・$A+(+B)=A+B$　・$A+(-B)=A-B$

・$A-(+B)=A-B$　・$A-(-B)=A+B$

■ かけ算とわり算の混じった計算

・答えの符号…負の数の個数によって決まる。

　　　　　－(マイナス)が奇数個 → 　－

　　　　　－(マイナス)が偶数個 → 　＋

$12 \div (-24) \times (-8)$

わる数は逆数にして
かけ算にする。

$= 12 \times \left(-\dfrac{1}{24}\right) \times (-8)$

$= +12 \times \dfrac{1}{24} \times 8$ 　負の数2個(偶数個)

$= 4$

■ 指数を含む数の計算

・$-a^3 = -(a \times a \times a)$

・$(-a)^3 = (-a) \times (-a) \times (-a)$

■ 指数を含む正負の数の四則計算

① 指数の計算　→　② かけ算・わり算　→

③ たし算・ひき算　の順で計算する。

比

■ 比を簡単にする方法

・整数の比

$18 : 24$

$= (18 \div 6) : (24 \div 6)$ ← 公約数でわる。

$= 3 : 4$

・分数の比

$\dfrac{3}{4} : \dfrac{1}{6}$

$= \dfrac{3}{4} \times 12 : \dfrac{1}{6} \times 12$ ← 分母の最小公倍数をかける。

$= 9 : 2$

・小数の比

$0.2 : 1.8$

$= (0.2 \times 10) : (1.8 \times 10)$

$= 2 : 18$ 　整数になるよう10倍する。

$= 1 : 9$

■ 比の式の関係

・$a : b = c : d$ 　ならば　$ad = bc$

文字式の計算

■ 分配法則

$m(a+b) = m \times a + m \times b$

$= ma + mb$

■ 単項式の乗法・除法

①乗法(かけ算)

係数は係数どうし，文字は文字どうしで計算する。

$2\ a \times 3\ b = 6\ ab$

②除法(わり算)

逆数をかける乗法に直して計算する。

$8a^2b \div 4ab = 8a^2b \times \dfrac{1}{4ab}$

逆数にしてかける。

方程式

■ 1次方程式の解き方

・移項して，$ax = b$ の形にする。

■ 分数係数の１次方程式
・両辺に分母の最小公倍数をかけて分母を
はらう。

$$\frac{x-3}{2}=\frac{2x-4}{3}$$

$$\frac{x-3}{2}\times6=\frac{2x-4}{3}\times6$$ ← 分母の最小公倍数を両辺にかける。

$$3(x-3)=2(2x-4)$$ ← 分配法則を使ってかっこをはずす。

$$3x-9=4x-8$$

$$3x-4x=-8+9$$ ← x の項は左辺，数の項は右辺へ移項する。

$$-x=1$$

$$x=-1$$ ← 両辺を x の係数でわる。

■ 連立方程式（加減法）
２つの式の左辺どうし，右辺どうしを，それぞれ，たすかひくかして，１つの文字を消去する方法。

$$\begin{cases} 2x+5y=16 \cdots ① \\ 2x+4y=12 \cdots ② \end{cases}$$

①－②より，
$$\begin{array}{r} 2x+5y=16 \\ -)\ 2x+4y=12 \\ \hline y=4 \end{array}$$

②に代入して，$2x+16=12$
$$x=-2$$

よって，$$\begin{cases} x=-2 \\ y=4 \end{cases}$$

■ 連立方程式（代入法）
１つの式の１つの文字を，もう１つの式に代入して，その文字を消去する方法。

$$\begin{cases} y=3x-6 \cdots ① \\ 4x-y=7 \cdots ② \end{cases}$$

①を②に代入して，$4x-(3x-6)=7$
$$4x-3x+6=7$$
$$x=1$$

①に代入して，$y=3-6=-3$

よって，$$\begin{cases} x=1 \\ y=-3 \end{cases}$$

比例・反比例，１次関数

■ 比例・反比例
y は x に比例する ⇨ $y=ax$
（a は比例定数）

y は x に反比例する ⇨ $y=\dfrac{a}{x}$
（a は比例定数）

■ 比例 $y=ax$ のグラフ
・原点を通る直線
・$a>0$ で右上がり，$a<0$ で右下がり

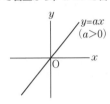

■ 反比例 $y=\dfrac{a}{x}$ のグラフ
・双曲線とよばれる曲線
・$a>0$ で右上と左下に現れ，
$a<0$ で左上と右下に現れる

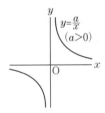

■ １次関数
・y は x の１次関数 ⇨ $y=ax+b$

■ 変化の割合
変化の割合 $=\dfrac{y\ \text{の増加量}}{x\ \text{の増加量}}$

■ １次関数 $y=ax+b$ のグラフ
・直線 $y=ax$ に平行で，点 $(0,\ b)$ を通る直線
・a を傾きという
・b を切片という
・変化の割合が一定で，傾き a に等しい

13

平面図形

■ 対称な図形

・線対称な図形　　・点対称な図形

■ 拡大図と縮図の性質

・対応する辺の長さの比がすべて等しい。

・対応する角の大きさがそれぞれ等しい。

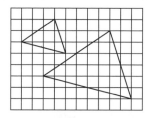

→長さや角は方眼紙のマス目を利用する。

■ 円に関する公式

・円周の長さ＝直径×円周率 π

　　　　　　＝2×円周率 π ×半径

・円の面積＝(半径)^2×円周率 π

■ おうぎ形に関する公式

・おうぎ形の弧の長さ

　　＝2×円周率 π ×半径× $\dfrac{中心角}{360}$

・おうぎ形の面積

　　＝円周率 π ×(半径)^2× $\dfrac{中心角}{360}$

■ 平行線と角

$\ell /\!/ m$ ならば

同位角　$\angle a = \angle b$

錯角　　$\angle b = \angle c$

■ 多角形の内角の和

n 角形の内角の和は，$180° \times (n-2)$

■ 多角形の外角の和

n 角形の外角の和は，n に関わりなく360°

■ 正 n 角形の1つの内角の大きさ

$$180° - \dfrac{360°}{n}$$

■ 正 n 角形の1つの外角の大きさ

$$360° \div n = \dfrac{360°}{n}$$

■ 三角形の内角と外角の性質

三角形の1つの外角
は，となり合わない
2つの内角の和に等
しい。

$\angle c = \angle a + \angle b$

■ 三角形の合同条件

①3組の辺がそれぞれ等しい

②2組の辺とその間の角がそれぞれ等しい

③1組の辺とその両端の角がそれぞれ等しい

■ 直角三角形の合同条件

①斜辺と他の1辺がそれぞれ等しい

②斜辺と1つの鋭角がそれぞれ等しい

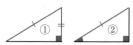

■ 図形の性質

①正三角形

・3つの辺がすべて等しい

②二等辺三角形

・2つの底角が等しい

③平行四辺形

・2組の向かい合う辺が
それぞれ等しい

・2組の向かい合う角が
それぞれ等しい

・対角線がそれぞれの中点で交わる

④平行四辺形になるための条件

・2組の向かい合う辺がそれぞれ平行(定義)

・2組の向かい合う辺がそれぞれ等しい

・2組の向かい合う角がそれぞれ等しい

・1組の向かい合う辺が等しくて平行

・対角線がそれぞれの中点で交わる

空間図形

■ ねじれの位置

・空間内の2直線が，平行でなく，交わら
ないような位置関係

・同じ平面上にない位置関係

■ 立体の表面積

・円柱,角柱の表面積＝底面積×2＋側面積

・円錐,角錐の表面積＝底面積＋側面積

■ 円柱の側面積

・底面の円周＝側面の長方形の横の長さ

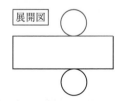

展開図

・側面積＝2×円周率 π ×半径×高さ

■ 円錐の側面積

・底面の円周＝側面のおうぎ形の弧の長さ

・側面積

$=$ 円周率 π ×(母線)^2× $\dfrac{2×円周率\pi×半径}{2×円周率\pi×母線}$

$=$ 円周率 π ×母線×半径

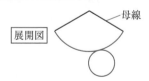

展開図

母線

■ 立体の体積を求める公式

・円柱，角柱の体積＝底面積×高さ

・円錐，角錐の体積＝底面積×高さ× $\dfrac{1}{3}$

■ 球に関する公式

・球の表面積＝4×円周率 π ×(半径)^2

・球の体積＝ $\dfrac{4}{3}$ ×円周率 π ×(半径)^3

確率

■ 確率

起こる場合が全部で n 通りあり，どの場合
が起こることも同様に確からしいものとす
る。そのうち，ことがらAの起こる場合が
a 通りであるとする。このとき，ことがら
Aの起こる確率を p とすると，

$$p = \dfrac{a}{n}$$

データの活用

■ データの代表値と分布の範囲
- ・平均値…データの値の平均
- ・中央値…データを大きさの順に並べたときの中央のデータの値（ただし，データの数が偶数のときは，中央の2つのデータの値の平均が中央値となる）
- ・最頻値…データの値でもっとも多く現れる値
- ・(分布の)範囲＝最大値－最小値

■ 度数と度数分布表
- ・階級…データ整理のために区切った区間
- ・階級値…階級の真ん中の値
- ・階級の幅…区間の幅
- ・度数…各階級内のデータの数
- ・度数分布表…データを階級に分けて整理した表

  度数分布表の最頻値→度数のもっとも多い階級の階級値

- ・ヒストグラム…度数分布表を表したグラフ
- ・累積度数…最初の階級からその階級までの度数の合計
- ・相対度数…各階級の度数の全体に対する割合

$$相対度数＝\frac{その階級の度数}{度数の合計}$$

- ・累積相対度数…最初の階級からその階級までの相対度数の合計

データの分布の比較

■ 四分位数
- ・データを小さい順に並べ，全体を4等分した位置の3つの値
- ・値の小さい順に，第1四分位数，第2四分位数，第3四分位数といい，第2四分位数は中央値

■ データの数と四分位数
- ○を小さい順に並べた個別のデータ，▼を左右2つのデータの値の平均とすると，が四分位数を表す。
- ・データの数が「4の倍数」のとき

- ・データの数が「4の倍数＋1」のとき

  ○○○▼○○○○○○○▼○○○
- ・データの数が「4の倍数＋2」のとき

- ・データの数が「4の倍数＋3」のとき

  ○○○○○○○○○○○○○○○

■ 四分位範囲
四分位範囲＝第3四分位数－第1四分位数

■ 箱ひげ図
四分位数と最小値，最大値を長方形(箱)と実線(ひげ)で表した図
複数のデータを比較するのに適している

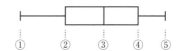

①…最小値，②…第1四分位数，
③…第2四分位数(中央値)，
④…第3四分位数，⑤…最大値
- ・四分位範囲…長方形(箱)の横の長さ
- ・(分布の)範囲…実線(ひげ)の左端から右端までの長さ

計算技能検定（1次）対策

この章の内容

計算技能検定（1次）は主に計算力をみる検定です。
公式通りに解ける基礎的な問題が出題されます。

数の計算と比

ここが 出題される
正負の数も含めて，数の計算は，基本的な問題が幅広く出題されます。分数・小数の計算や指数の計算などに慣れておきましょう。また，比を簡単な整数比にする練習をしておきましょう。

ⓅOINT**1**　分数のかけ算・わり算

▶**分数のかけ算**
・分母どうし，分子どうしをかける。
▶**分数のわり算**
・わる数を逆数にしてかける。

● 分数のかけ算・わり算

■分数のかけ算は分母どうし，分子どうしをかけます。

$$\frac{b}{a} \times \frac{d}{c} = \frac{b \times d}{a \times c}$$ ← 分子
← 分母

■分数のわり算はわる数を逆数にしてかけます。

$$\frac{b}{a} \div \frac{d}{c} = \frac{b}{a} \times \frac{c}{d}$$
逆数をかける

> わる数の分母と分子を入れかえた数をかけることを「逆数をかける」といいます。

▶例題**1**

$\dfrac{2}{5} \times \dfrac{3}{4}$ を計算しなさい。

解答・解説

分母どうし，分子どうしをかける。

約分する。

解法の ツボ

途中で約分できるときは約分することで，計算が簡単になる。

例題2

$\dfrac{5}{16} \div \dfrac{3}{8}$ を計算しなさい。

解答・解説

$$\dfrac{5}{16} \div \dfrac{3}{8}$$

逆数 $\dfrac{8}{3}$ をかける。

$$= \dfrac{5}{16} \times \dfrac{8}{3}$$

$$= \dfrac{5 \times \overset{1}{8}}{\underset{2}{16} \times 3} = \dfrac{5}{6} \quad 答$$

2 **分数のかけ算・わり算の混じった計算**

すべてかけ算の式に直す。

例 $\dfrac{2}{5} \div \dfrac{3}{10} \times \dfrac{1}{4} = \dfrac{2}{5} \times \dfrac{10}{3} \times \dfrac{1}{4}$

かけ算の式に直す

● 分数のかけ算・わり算が混じっている場合は，**わる数を逆数にしてかけ算だけの式に直して** から計算します。

 例題3

$\dfrac{8}{9} \div \dfrac{4}{5} \times \dfrac{3}{10}$ を計算しなさい。

解答・解説

$$\dfrac{8}{9} \div \dfrac{4}{5} \times \dfrac{3}{10}$$

わる数を逆数にして，かけ算だけの式に直す。

$$= \dfrac{8}{9} \times \dfrac{5}{4} \times \dfrac{3}{10}$$

分母どうし，分子どうしをかける。

$$= \dfrac{\overset{1}{8} \times \overset{1}{5} \times \overset{1}{3}}{\underset{3}{9} \times \underset{1}{4} \times \underset{2}{10}}$$

約分する。

$$= \dfrac{1}{3} \quad 答$$

帯分数や小数を仮分数に直して計算する。

例 $1\frac{4}{5} \times \frac{1}{6} \div 2.1 = \frac{9}{5} \times \frac{1}{6} \div \frac{21}{10} = \frac{9}{5} \times \frac{1}{6} \times \frac{10}{21}$

仮分数に直す ─────────── かけ算の式に直す

● 帯分数や小数を含むときは 仮分数に直して 計算します。

■**帯分数の直し方**

例 $1\frac{4}{5} = \frac{5 \times 1 + 4}{5} = \frac{9}{5}$

■**小数の直し方**

例 $2.1 = \frac{20 + 1}{10} = \frac{21}{10}$

例題4

$5\frac{1}{4} \times \frac{2}{3} \div 4.9$を計算しなさい。

解答・解説

$5\frac{1}{4} \times \frac{2}{3} \div 4.9$

帯分数や小数を仮分数にする。

$= \frac{4 \times 5 + 1}{4} \times \frac{2}{3} \div \frac{49}{10}$

わる数を逆数にして，かけ算だけの式に直す。

$= \frac{21}{4} \times \frac{2}{3} \times \frac{10}{49}$

分母どうし，分子どうしをかける。

$= \frac{21 \times 2 \times 10}{4 \times 3 \times 49}$

約分する。

$= \frac{5}{7}$ 答

Point4   正負の数のたし算，ひき算

計算方法
① 　かっこをはずす。
② 　正の項の和，負の項の和をそれぞれ求める。
③ 　②で求めた数を計算する。

例　　$(-5)-(-4)-(+6)$ 　　かっこをはずす。
　　$=-5+4-6$ 　　　　正の項の和 4
　　$=4-11$ 　　　　　　負の項の和 -11
　　$=-7$

● かっこをはずすときは，（ 　）の前の符号に注意します。

$$+(+a)=+a \qquad +(-a)=-a$$
$$-(+a)=-a \qquad -(-a)=+a$$

 例題 **5**

$-9-(-13)$ を計算しなさい。

解答・解説

　　　$-9-(-13)$ 　　かっこをはずす。
　　$=-9+13$ 　　　　正の項 13 ，負の項 -9
　　$=4$ 答

 例題 **6**

$-8+(-6)-(-11)$ を計算しなさい。

解答・解説

　　　$-8+(-6)-(-11)$ 　　かっこをはずす。
　　$=-8-6+11$ 　　　　正の項の和 11
　　　　　　　　　　　　負の項の和 -14
　　$=-14+11$
　　$=-3$ 答

 解法のツボ

左から順に計算するより，
正の項の和，負の項の和で
まとめて求めたほうがミス
が少ない。

POINT 5 — 正負の数のかけ算・わり算

▶かけ算・わり算の結果

・負の数が偶数個含まれるとき→計算結果は正の数

例　$(-5) \times (-6) = +(5 \times 6) = 30$

例　$(-4) \times 3 \times (-5) = +(4 \times 3 \times 5) = 60$

・負の数が奇数個含まれるとき→計算結果は負の数

例　$(-9) \times 6 = -(9 \times 6) = -54$

例　$(-8) \times (-2) \times (-3) = -(8 \times 2 \times 3) = -48$

「わり算」も考え方は同じだよ。

■累乗

同じ数をいくつかかけたものを，その数の **累乗** といい，**指数（右上の小さな数）** を使って表します。累乗の計算結果の符号も負の数の個数によって異なります。

例　$5^3 = 5 \times 5 \times 5 = 125$

$(-2)^4 = (-2) \times (-2) \times (-2) \times (-2) = +(2 \times 2 \times 2 \times 2) = 16$

$-3^2 = -(3 \times 3) = -9$

$(-3)^2 = (-3) \times (-3) = +(3 \times 3) = 9$

$(-3)^3 = (-3) \times (-3) \times (-3) = -(3 \times 3 \times 3) = -27$

例題7

$-6 \div (-8) \times 4$ を計算しなさい。

解答・解説

$-6 \div (-8) \times 4$

符号を決め，わる数を逆数にして，かけ算だけの式に直す。

$= +(6 \times \dfrac{1}{8} \times 4)$

分数のかけ算をする。

$= \dfrac{\overset{3}{6} \times 1 \times \overset{1}{4}}{\underset{1}{8}}$

約分する。

$= 3$　**答**

POINT6　　正負の数の四則計算

計算順序

・①かけ算・わり算→②たし算・ひき算

　例　$10-(-6)\times(-3)=10-18=-8$
　　　　　　　↑かけ算　　　↑ひき算

　例　$42\div(-3)+(-2)\times(-5)=-14+10=-4$
　　　↑わり算　　　　↑かけ算　　　↑たし算

例題**8**

$7-26\div(-4)$を計算しなさい。

解答・解説

$$7-26\div(-4)$$

　わる数を逆数にして，かけ算だけの式に直す。

$$=7+\overset{13}{26}\times\frac{1}{\underset{2}{4}}$$

　それぞれ，通分と約分をする。

$$=\frac{14}{2}+\frac{13}{2}=\frac{27}{2}　\text{答}$$

POINT7　　比を簡単にする

▶**比の両方の整数に公約数がないようにする**

・両方の数に公約数がある整数比→両方の数を，それぞれ **最大公約数でわる**。

・分数を含む比→両方の数に，それぞれ両方の **分母の最小公倍数をかける**。

　例　$12:18=2:3$ ← 両方の数を，12と18の最大公約数の6でわる。

例題**9**

$\dfrac{5}{24}:\dfrac{7}{36}$をもっとも簡単な整数の比にしなさい。

解答・解説

$$\frac{5}{24}:\frac{7}{36}=\left(\frac{5}{\underset{1}{24}}\times\overset{3}{72}\right):\left(\frac{7}{\underset{1}{36}}\times\overset{2}{72}\right)$$

　両方の数に，24と36の最小公倍数の72をかける。

$$=15:14　\text{答}$$

A チャレンジ問題

解き方と解答 28〜33ページ

1 次の計算をしなさい。

(1) $\dfrac{5}{6} \times \dfrac{7}{8}$

(2) $\dfrac{8}{9} \times \dfrac{3}{4}$

2 次の計算をしなさい。

(1) $\dfrac{5}{12} \div \dfrac{4}{5}$

(2) $\dfrac{3}{10} \div \dfrac{9}{14}$

3 次の計算をしなさい。

(1) $\dfrac{1}{3} \times \dfrac{1}{4} \times \dfrac{5}{6}$

(2) $\dfrac{3}{4} \times \dfrac{2}{9} \times \dfrac{1}{2}$

4 次の計算をしなさい。

(1) $\dfrac{2}{3} \div \dfrac{6}{7} \times \dfrac{9}{14}$

過去 (2) $\dfrac{9}{10} \times \dfrac{2}{3} \div \dfrac{4}{5}$

5 次の計算をしなさい。

過去 (1) $3\dfrac{3}{4} \div \dfrac{5}{8}$

(2) $2\dfrac{2}{3} \times \dfrac{1}{4} \div \dfrac{1}{2}$

6 次の計算をしなさい。

(1) $\dfrac{5}{6} \times 0.3 \div \dfrac{4}{7}$

過去 (2) $\dfrac{1}{4} \times 1.4 \div \dfrac{7}{8}$

7 次の計算をしなさい。

(1) $-6-(+2)+(+13)$ 　過去 (2) $32+(-19)-(-2)$

8 次の計算をしなさい。

(1) $3\times(-2)\times(-6)$ 　　　　(2) $(-9)\times(-4)\times(-2)$

9 次の計算をしなさい。

(1) $(-4)^2$ 　　　(2) -6^2 　　　(3) $(-3)^2+11$

10 次の計算をしなさい。

(1) $-5^2-(-3)^2$ 　　　　(2) $9^2\div(-3)^3$

11 次の計算をしなさい。

(1) $21\times\left(-\dfrac{3}{4}-\dfrac{7}{12}\right)$ 　　　　(2) $3.25\div\dfrac{5}{4}-\left(-\dfrac{2}{5}\right)$

12 次の比をもっとも簡単な整数の比にしなさい。

(1) $64:40$ 　　　　過去 (2) $\dfrac{2}{3}:\dfrac{5}{6}$

解き方と解答 34〜39ページ

1 次の計算をしなさい。

(1) $\dfrac{5}{8} \div 5\dfrac{1}{2} \times \dfrac{11}{20}$

(2) $\dfrac{5}{7} \div 4\dfrac{1}{2} \times \dfrac{7}{10}$

(3) $\dfrac{14}{25} \div 0.42 \times \dfrac{9}{16}$

2 次の計算をしなさい。

(1) $2\dfrac{1}{4} \div 0.6 \times \dfrac{2}{9}$

過去 (2) $\dfrac{1}{3} \times 0.75 \div 0.2$

過去 (3) $2\dfrac{1}{3} \div 1.6 \times \dfrac{6}{7}$

3 次の計算をしなさい。

(1) $4 \div 5 - 3 \div 10$

(2) $7 \div 9 - 2 \div 3$

過去 (3) $\dfrac{5}{9} \div \dfrac{1}{6} - \dfrac{1}{2} \times \dfrac{2}{3}$

4 次の計算をしなさい。

(1)　$19 - (-6) + (-15) + 8$　　　　(2)　$3 + (-12) - (-1) - 7$

5 次の計算をしなさい。

(1)　$(-1.2) - (-1.5) - 2.3$　　　(2)　$\dfrac{5}{3} + \left(-\dfrac{1}{2}\right) - \left(-\dfrac{7}{6}\right)$

6 次の計算をしなさい。

(1)　$-0.4 \times \dfrac{9}{5} + 0.6 \div \dfrac{5}{16}$　　　(2)　$0.7 \times \dfrac{5}{14} - 1.1 \div \dfrac{22}{9}$

7 次の計算をしなさい。

(1)　$(-2)^4 \times (-1^6)$　　　　(2)　$-4^2 - (-3)^3$

8 次の比をもっとも簡単な整数の比にしなさい。

(1)　$\dfrac{5}{6} : \dfrac{9}{8}$　　　　(2)　$7.2 : 5.4$

1 次の計算をしなさい。

(1) $\dfrac{5}{6} \times \dfrac{7}{8}$ 　　　　　　　　(2) $\dfrac{8}{9} \times \dfrac{3}{4}$

【解き方】

(1) $\dfrac{5}{6} \times \dfrac{7}{8} = \dfrac{5 \times 7}{6 \times 8}$

分母の6と8，分子の5と7を
それぞれかける。

$= \dfrac{35}{48}$

$\dfrac{35}{48}$ 解答

(2) $\dfrac{8}{9} \times \dfrac{3}{4} = \dfrac{\overset{2}{\cancel{8}} \times \overset{1}{\cancel{3}}}{\underset{3}{\cancel{9}} \times \underset{1}{\cancel{4}}}$

約分する。

$= \dfrac{2}{3}$

$\dfrac{2}{3}$ 解答

---

2 次の計算をしなさい。

(1) $\dfrac{5}{12} \div \dfrac{4}{5}$ 　　　　　　　　(2) $\dfrac{3}{10} \div \dfrac{9}{14}$

【解き方】

(1) $\dfrac{5}{12} \div \dfrac{4}{5} = \dfrac{5}{12} \times \dfrac{5}{4}$ ← わる数を逆数にしてかける。

分母の12と4，分子の5と5を
それぞれかける。

$= \dfrac{5 \times 5}{12 \times 4}$

$= \dfrac{25}{48}$

$\dfrac{25}{48}$ 解答

(2) $\dfrac{3}{10} \div \dfrac{9}{14} = \dfrac{3}{10} \times \dfrac{14}{9}$ ← わる数を逆数にしてかける。

$= \dfrac{\overset{1}{\cancel{3}} \times \overset{7}{\cancel{14}}}{\underset{5}{\cancel{10}} \times \underset{3}{\cancel{9}}} = \dfrac{7}{15}$

$\dfrac{7}{15}$ 解答

3 次の計算をしなさい。

(1) $\dfrac{1}{3} \times \dfrac{1}{4} \times \dfrac{5}{6}$

(2) $\dfrac{3}{4} \times \dfrac{2}{9} \times \dfrac{1}{2}$

【解き方】

(1) $\dfrac{1}{3} \times \dfrac{1}{4} \times \dfrac{5}{6} = \dfrac{1 \times 1 \times 5}{3 \times 4 \times 6}$

分母の3と4と6，分子の1と1と5をそれぞれかける。

$\qquad = \dfrac{5}{72}$

$\dfrac{5}{72}$ 解答

(2) $\dfrac{3}{4} \times \dfrac{2}{9} \times \dfrac{1}{2} = \dfrac{\overset{1}{3} \times \overset{1}{2} \times 1}{4 \times \underset{3}{9} \times \underset{1}{2}}$

約分する。

$\qquad = \dfrac{1}{12}$

$\dfrac{1}{12}$ 解答

4 次の計算をしなさい。

(1) $\dfrac{2}{3} \div \dfrac{6}{7} \times \dfrac{9}{14}$

(2) $\dfrac{9}{10} \times \dfrac{2}{3} \div \dfrac{4}{5}$

【解き方】

(1) $\dfrac{2}{3} \div \dfrac{6}{7} \times \dfrac{9}{14} = \dfrac{2}{3} \times \dfrac{7}{6} \times \dfrac{9}{14}$

わる数を逆数にして，かけ算だけの式に直す。

$\qquad = \dfrac{\overset{1}{2} \times \overset{1}{7} \times \overset{3}{9}}{\underset{1}{3} \times \underset{3}{6} \times \underset{2}{14}}$

約分する。

$\qquad = \dfrac{1}{2}$

$\dfrac{1}{2}$ 解答

(2) $\dfrac{9}{10} \times \dfrac{2}{3} \div \dfrac{4}{5} = \dfrac{9}{10} \times \dfrac{2}{3} \times \dfrac{5}{4}$

わる数を逆数にして，かけ算だけの式に直す。

$\qquad = \dfrac{\overset{3}{9} \times \overset{1}{2} \times \overset{1}{5}}{\underset{2}{10} \times \underset{1}{3} \times \underset{2}{4}}$

約分する。

$\qquad = \dfrac{3}{4}$

$\dfrac{3}{4}$ 解答

5 次の計算をしなさい。

(1) $3\dfrac{3}{4} \div \dfrac{5}{8}$

(2) $2\dfrac{2}{3} \times \dfrac{1}{4} \div \dfrac{1}{2}$

【解き方】

(1) $3\dfrac{3}{4} \div \dfrac{5}{8} = \dfrac{15}{4} \div \dfrac{5}{8}$　← 帯分数を仮分数に直す。

$= \dfrac{15}{\underset{1}{4}} \times \dfrac{\overset{2}{8}}{\underset{1}{5}}^{\;3} = 6$

6　**解答**

↪確認！
帯分数を仮分数に直す方法
$\dfrac{\triangle}{\blacksquare}\blacktriangle = \dfrac{\blacksquare \times \bullet + \blacktriangle}{\blacksquare}$

(2) $2\dfrac{2}{3} \times \dfrac{1}{4} \div \dfrac{1}{2} = \dfrac{8}{3} \times \dfrac{1}{4} \div \dfrac{1}{2}$　← 帯分数を仮分数に直す。

わる数を逆数にして，
かけ算だけの式に直す。

$= \dfrac{8}{3} \times \dfrac{1}{4} \times \dfrac{2}{1}$

$= \dfrac{\overset{2}{8} \times 1 \times 2}{3 \times \underset{1}{4} \times 1} = \dfrac{4}{3}$

$\dfrac{4}{3}$　**解答**

---

6 次の計算をしなさい。

(1) $\dfrac{5}{6} \times 0.3 \div \dfrac{4}{7}$

(2) $\dfrac{1}{4} \times 1.4 \div \dfrac{7}{8}$

【解き方】

(1) $\dfrac{5}{6} \times 0.3 \div \dfrac{4}{7} = \dfrac{5}{6} \times \dfrac{3}{10} \div \dfrac{4}{7}$　← 小数を分数に直す。

$= \dfrac{5}{6} \times \dfrac{3}{10} \times \dfrac{7}{4} = \dfrac{\overset{1}{5} \times \overset{1}{3} \times 7}{\underset{2}{6} \times \underset{2}{10} \times 4} = \dfrac{7}{16}$

$\dfrac{7}{16}$　**解答**

(2) $\dfrac{1}{4} \times 1.4 \div \dfrac{7}{8} = \dfrac{1}{4} \times \dfrac{\overset{7}{14}}{\underset{5}{10}} \div \dfrac{7}{8}$　← 小数を分数に直す。

$= \dfrac{1}{4} \times \dfrac{7}{5} \times \dfrac{8}{7} = \dfrac{1 \times \overset{1}{7} \times \overset{2}{8}}{\underset{1}{4} \times 5 \times \underset{1}{7}} = \dfrac{2}{5}$

$\dfrac{2}{5}$　**解答**

7 次の計算をしなさい。

(1)　$-6-(+2)+(+13)$　　　(2)　$32+(-19)-(-2)$

【解き方】

(1)　$-6-(+2)+(+13)$

$= \boxed{-6-2} \boxed{+13}$　　　かっこをはずす。

$= \boxed{-8} \boxed{+13}$　　　　負の項の和 を求める。

$= 5$

5　**解答**

(2)　$32+(-19)-(-2)$

$= 32-19+2$

$= 32+2-19$　　　並べかえる。

$= 34-19$

$= 15$

15　**解答**

解法のツボ

かっこをはずして，正の項，負の項がまとまるように並べかえておく。

8 次の計算をしなさい。

(1)　$3×(-2)×(-6)$　　　(2)　$(-9)×(-4)×(-2)$

【解き方】

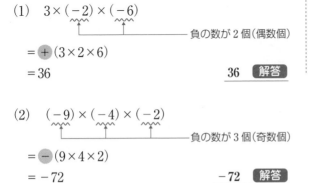

(1)　$3×(-2)×(-6)$

　　　　　　　　　　　　　　負の数が2個（偶数個）

$= \boxed{+}(3×2×6)$

$= 36$

36　**解答**

確認！

負の数が偶数個
　→計算結果の符号は＋
負の数が奇数個
　→計算結果の符号は－

(2)　$(-9)×(-4)×(-2)$

　　　　　　　　　　　　　　負の数が3個（奇数個）

$= \boxed{-}(9×4×2)$

$= -72$

-72　**解答**

9 次の計算をしなさい。

(1) $(-4)^2$ 　　　　(2) -6^2 　　　　(3) $(-3)^2+11$

【解き方】

(1) $(-4)^2$

$= (-4) \times (-4) = 16$

　　　　　　　負の数が2個（偶数個） 　　　16 　解答

(2) -6^2

$= -(6 \times 6) = -36$ 　　　-36 　解答

> **！注意**
> $-6^2 = (-6) \times (-6)$ ではないことに注意。

(3) $(-3)^2+11$

$= (-3) \times (-3)+11$ ←┐累乗を計算する。

$= 9+11 = 20$ 　　　20 　解答

---

10 次の計算をしなさい。

(1) $-5^2-(-3)^2$ 　　　　　　(2) $9^2 \div (-3)^3$

【解き方】

(1) $-5^2-(-3)^2$

$= -(5 \times 5)-(-3) \times (-3)$ ←┐累乗を計算する。

$= -25-9$

$= -34$ 　　　-34 　解答

(2) $9^2 \div (-3)^3$

$= 9 \times 9 \div \{(-3) \times (-3) \times (-3)\}$ ←┐累乗を計算する。

$= 81 \div (-27)$

$= -3$ 　　　-3 　解答

11 次の計算をしなさい。

(1) $21 \times \left(-\dfrac{3}{4} - \dfrac{7}{12} \right)$ (2) $3.25 \div \dfrac{5}{4} - \left(-\dfrac{2}{5} \right)$

【解き方】

(1) $21 \times \left(-\dfrac{3}{4} - \dfrac{7}{12} \right) = 21 \times \left(-\dfrac{9}{12} - \dfrac{7}{12} \right)$ ← かっこの中を通分する。

$= \overset{7}{\cancel{21}} \times \left(-\dfrac{\overset{4}{\cancel{16}}}{\underset{1}{\cancel{12}}_{3}} \right) = -28$ ← 約分して計算する。

-28 **解答**

(2) $3.25 \div \dfrac{5}{4} - \left(-\dfrac{2}{5} \right) = \dfrac{\overset{13}{\cancel{325}}}{\underset{4}{\cancel{100}}} \times \dfrac{4}{5} + \dfrac{2}{5}$ ← 小数を分数に直し，かっこをはずす。

$= \dfrac{13}{\underset{1}{\cancel{4}}} \times \dfrac{\overset{1}{\cancel{4}}}{5} + \dfrac{2}{5} = \dfrac{\overset{3}{\cancel{15}}}{\underset{1}{\cancel{5}}}$

$= 3$

3 **解答**

---

12 次の比をもっとも簡単な整数の比にしなさい。

(1) $64 : 40$ (2) $\dfrac{2}{3} : \dfrac{5}{6}$

【解き方】

(1) 64と40の最大公約数は8だから，両方の数を8でわると，

$64 : 40 = (64 \div 8) : (40 \div 8)$

$= 8 : 5$

$8 : 5$ **解答**

(2) 分母の3と6の最小公倍数は6だから，両方の数に6をかけると，

$\dfrac{2}{3} : \dfrac{5}{6} = \left(\dfrac{2}{\underset{1}{\cancel{3}}} \times \overset{2}{\cancel{6}} \right) : \left(\dfrac{5}{\underset{1}{\cancel{6}}} \times \overset{1}{\cancel{6}} \right)$

$= 4 : 5$

$4 : 5$ **解答**

1 次の計算をしなさい。

(1) $\dfrac{5}{8} \div 5\dfrac{1}{2} \times \dfrac{11}{20}$

(2) $\dfrac{5}{7} \div 4\dfrac{1}{2} \times \dfrac{7}{10}$

(3) $\dfrac{14}{25} \div 0.42 \times \dfrac{9}{16}$

【解き方】

(1) $\dfrac{5}{8} \div 5\dfrac{1}{2} \times \dfrac{11}{20}$

　帯分数を仮分数に直す。

$= \dfrac{5}{8} \div \dfrac{11}{2} \times \dfrac{11}{20}$

　わる数を逆数にして，かけ算だけの式に直す。

$= \dfrac{5}{8} \times \dfrac{2}{11} \times \dfrac{11}{20}$

$= \dfrac{\overset{1}{\cancel{5}} \times \overset{1}{\cancel{2}} \times \overset{1}{\cancel{11}}}{\underset{4}{\cancel{8}} \times \underset{1}{\cancel{11}} \times \underset{4}{\cancel{20}}} = \dfrac{1}{16}$ ← 約分する。

$\dfrac{1}{16}$ 解答

(2) $\dfrac{5}{7} \div 4\dfrac{1}{2} \times \dfrac{7}{10} = \dfrac{5}{7} \div \dfrac{9}{2} \times \dfrac{7}{10}$

$= \dfrac{5}{7} \times \dfrac{2}{9} \times \dfrac{7}{10} = \dfrac{\overset{1}{\cancel{5}} \times \overset{1}{\cancel{2}} \times \overset{1}{\cancel{7}}}{\cancel{7} \times 9 \times \underset{8}{\cancel{10}}} = \dfrac{1}{9}$

$\dfrac{1}{9}$ 解答

(3) $\dfrac{14}{25} \div 0.42 \times \dfrac{9}{16}$

　小数を分数に直す。

$= \dfrac{14}{25} \div \dfrac{\overset{21}{\cancel{42}}}{\underset{50}{\cancel{100}}} \times \dfrac{9}{16}$

　わる数を逆数にして，かけ算だけの式に直す。

$= \dfrac{14}{25} \div \dfrac{21}{50} \times \dfrac{9}{16} = \dfrac{14}{25} \times \dfrac{50}{21} \times \dfrac{9}{16}$

$= \dfrac{\overset{1}{\cancel{14}} \times \overset{2}{\cancel{50}} \times \overset{3}{\cancel{9}}}{\cancel{25} \times \underset{3}{\cancel{21}} \times \underset{4}{\cancel{16}}} = \dfrac{3}{4}$ ← 約分する。

$\dfrac{3}{4}$ 解答

> もっとも簡単な数字になるまで約分するんでしたね。

2 次の計算をしなさい。

(1) $2\dfrac{1}{4} \div 0.6 \times \dfrac{2}{9}$

(2) $\dfrac{1}{3} \times 0.75 \div 0.2$

(3) $2\dfrac{1}{3} \div 1.6 \times \dfrac{6}{7}$

【解き方】

(1) $2\dfrac{1}{4} \div 0.6 \times \dfrac{2}{9} = \dfrac{9}{4} \div \dfrac{\overset{3}{\cancel{6}}}{\underset{5}{\cancel{10}}} \times \dfrac{2}{9}$ ← 帯分数を仮分数に，小数を分数に直す。

$= \dfrac{9}{4} \div \dfrac{3}{5} \times \dfrac{2}{9} = \dfrac{9}{4} \times \dfrac{5}{3} \times \dfrac{2}{9}$ ← わる数を逆数にして，かけ算だけの式に直す。

$= \dfrac{\overset{1}{\cancel{9}} \times 5 \times \overset{1}{\cancel{2}}}{\underset{2}{\cancel{4}} \times 3 \times \underset{1}{\cancel{9}}} = \dfrac{5}{6}$ ← 約分する。 $\dfrac{5}{6}$ 【解答】

(2) $\dfrac{1}{3} \times 0.75 \div 0.2 = \dfrac{1}{3} \times \dfrac{\overset{3}{\cancel{75}}}{\underset{4}{\cancel{100}}} \div \dfrac{\overset{1}{\cancel{2}}}{\underset{5}{\cancel{10}}}$ ← 小数を分数に直す。

$= \dfrac{1}{3} \times \dfrac{3}{4} \div \dfrac{1}{5} = \dfrac{1}{3} \times \dfrac{3}{4} \times \dfrac{5}{1}$ ← わる数を逆数にして，かけ算だけの式に直す。

$= \dfrac{1 \times \overset{1}{\cancel{3}} \times 5}{\underset{1}{\cancel{3}} \times 4 \times 1} = \dfrac{5}{4}$ ← 約分する。 $\dfrac{5}{4}$ 【解答】

(3) $2\dfrac{1}{3} \div 1.6 \times \dfrac{6}{7} = \dfrac{7}{3} \div \dfrac{\overset{8}{\cancel{16}}}{\underset{5}{\cancel{10}}} \times \dfrac{6}{7}$ ← 帯分数を仮分数に，小数を分数に直す。

$= \dfrac{7}{3} \div \dfrac{8}{5} \times \dfrac{6}{7} = \dfrac{7}{3} \times \dfrac{5}{8} \times \dfrac{6}{7}$ ← わる数を逆数にして，かけ算だけの式に直す。

$= \dfrac{\overset{1}{\cancel{7}} \times 5 \times \overset{1}{\cancel{\overset{3}{\cancel{6}}}}}{\underset{1}{\cancel{3}} \times \underset{4}{\cancel{8}} \times \underset{1}{\cancel{7}}} = \dfrac{5}{4}$ ← 約分する。 $\dfrac{5}{4}$ 【解答】

3 次の計算をしなさい。

(1) $4 \div 5 - 3 \div 10$ (2) $7 \div 9 - 2 \div 3$

(3) $\dfrac{5}{9} \div \dfrac{1}{6} - \dfrac{1}{2} \times \dfrac{2}{3}$

【解き方】

(1) $\boxed{4} \div \boxed{5} - \boxed{3} \div \boxed{10}$ ── わり算を分数で表す。

$= \dfrac{4}{5} - \dfrac{3}{10}$ ◄── 通分する。

$= \dfrac{8}{10} - \dfrac{3}{10}$

$= \dfrac{\overset{1}{5}}{\underset{2}{10}} = \dfrac{1}{2}$

解法のツボ?

わり算を分数で表す方法

$a \div b = \dfrac{a}{b}$

$\dfrac{1}{2}$ 　**解答**

(2) $7 \div 9 - 2 \div 3 = \dfrac{7}{9} - \dfrac{2}{3}$

$= \dfrac{7}{9} - \dfrac{6}{9} = \dfrac{1}{9}$

$\dfrac{1}{9}$ 　**解答**

(3) $\dfrac{5}{9} \boxed{\div \dfrac{1}{6}} - \dfrac{1}{2} \times \dfrac{2}{3}$

$= \dfrac{5}{9} \boxed{\times \dfrac{6}{1}} - \dfrac{1}{2} \times \dfrac{2}{3}$ ◄── わる数を逆数にしてかける。

$= \dfrac{5 \times \overset{2}{6}}{\underset{3}{9} \times 1} - \dfrac{1 \times \overset{1}{2}}{\underset{1}{2} \times \underset{3}{3}}$ ◄── 分数のかけ算をする。

$= \dfrac{10}{3} - \dfrac{1}{3} = \dfrac{\overset{3}{9}}{\underset{1}{3}} = 3$ ←─ 分数のひき算をする。

3 　**解答**

これだけは覚えておこう

〈計算の順序〉

かけ算・わり算は，たし算・ひき算より先に計算します。

①×，÷ → ②+，−

4 次の計算をしなさい。

(1)　$19-(-6)+(-15)+8$　　　　(2)　$3+(-12)-(-1)-7$

【解き方】

(1)　$19-(-6)+(-15)+8$　　┐
　$=19+6-15+8$　　　　　　├── かっこをはずす。
　$=\boxed{19+6+8}\ \boxed{-15}$　　├── 並べかえる。
　$=\boxed{33}\ \boxed{-15}=18$　　└── 正の項の和 を求める。

18　解答

(2)　$3+(-12)-(-1)-7$　　┐
　$=3-12+1-7$　　　　　　├── かっこをはずす。
　$=\boxed{3+1}\ \boxed{-12-7}$　　├── 並べかえる。
　$=\boxed{4}\ \boxed{-19}=-15$　　└── 正の項の和，
　　　　　　　　　　　　　　　　負の項の和 を求める。

-15　解答

5 次の計算をしなさい。

(1)　$(-1.2)-(-1.5)-2.3$　　　　(2)　$\dfrac{5}{3}+\left(-\dfrac{1}{2}\right)-\left(-\dfrac{7}{6}\right)$

【解き方】

(1)　$(-1.2)-(-1.5)-2.3$　　┐
　$=-1.2+1.5-2.3$　　　　　├── かっこをはずす。
　$=\boxed{1.5}\ \boxed{-1.2-2.3}$　　├── 並べかえる。
　$=\boxed{1.5}\ \boxed{-3.5}=-2$　　└── 負の項の和 を求める。

-2　解答

(2)　$\dfrac{5}{3}+\left(-\dfrac{1}{2}\right)-\left(-\dfrac{7}{6}\right)$

　$=\dfrac{5}{3}-\dfrac{1}{2}+\dfrac{7}{6}$

　$=\dfrac{10}{6}+\dfrac{7}{6}-\dfrac{3}{6}$　　── 並べかえて通分する。

　$=\dfrac{\overset{7}{\cancel{14}}}{\underset{3}{\cancel{6}}}=\dfrac{7}{3}$

小数や分数も整数と同じように計算すればいいんですね。

$\dfrac{7}{3}$　解答

6 次の計算をしなさい。

(1) $-0.4 \times \dfrac{9}{5} + 0.6 \div \dfrac{5}{16}$　　　　　　(2) $0.7 \times \dfrac{5}{14} - 1.1 \div \dfrac{22}{9}$

【解き方】

(1) $-0.4 \times \dfrac{9}{5} + 0.6 \div \dfrac{5}{16}$

小数を分数に，わる数を逆数にしてかけ算だけの式に，それぞれ直す。

$= -\dfrac{\overset{2}{\cancel{4}}}{\underset{5}{\cancel{10}}} \times \dfrac{9}{5} + \dfrac{\overset{3}{\cancel{6}}}{\underset{5}{\cancel{10}}} \times \dfrac{16}{5}$

かけ算をする。

$= -\dfrac{18}{25} + \dfrac{48}{25}$

$= \dfrac{\overset{6}{\cancel{30}}}{\underset{5}{\cancel{25}}}$

約分する。

$= \dfrac{6}{5}$

$\dfrac{6}{5}$ 【解答】

(2) $0.7 \times \dfrac{5}{14} - 1.1 \div \dfrac{22}{9}$

小数を分数に，わる数を逆数にしてかけ算だけの式に，それぞれ直す。

$= \dfrac{\overset{1}{\cancel{7}}}{\underset{2}{\cancel{10}}} \times \dfrac{\overset{1}{\cancel{5}}}{\underset{2}{\cancel{14}}} - \dfrac{\overset{1}{\cancel{11}}}{10} \times \dfrac{9}{\underset{2}{\cancel{22}}}$

かけ算をする。

$= \dfrac{1}{4} - \dfrac{9}{20}$

通分する。

$= \dfrac{5}{20} - \dfrac{9}{20}$

$= -\dfrac{\overset{1}{\cancel{4}}}{\underset{5}{\cancel{20}}}$

約分する。

$= -\dfrac{1}{5}$

$-\dfrac{1}{5}$ 【解答】

7 次の計算をしなさい。

(1) $(-2)^4 \times (-1^6)$ (2) $-4^2 - (-3)^3$

【解き方】

(1) $(-2)^4 \times (-1^6)$

$= (-2) \times (-2) \times (-2) \times (-2) \times \{-(1 \times 1 \times 1 \times 1 \times 1 \times 1)\}$

$= 16 \times (-1)$

$= -16$ -16 【解答】

(2) $-4^2 - (-3)^3$

$= -(4 \times 4) - (-3) \times (-3) \times (-3)$

$= -16 + 27$

$= 11$ 11 【解答】

8 次の比をもっとも簡単な整数の比にしなさい。

(1) $\dfrac{5}{6} : \dfrac{9}{8}$ (2) $7.2 : 5.4$

【解き方】

(1) 分母の 6 と 8 の最小公倍数は24だから，両方の数に24をかけると，

$$\frac{5}{6} : \frac{9}{8} = \left(\frac{5}{6} \times \overset{4}{24}\right) : \left(\frac{9}{8} \times \overset{3}{24}\right)$$

$$= 20 : 27$$ $20 : 27$

(2) 両方の数を10倍する。72と54の最大公約数は18だから，両方の数を18でわると，

$$7.2 : 5.4 = 72 : 54$$

$$= (72 \div 18) : (54 \div 18)$$

$$= 4 : 3$$ $4 : 3$

文字式の計算

式の加法(たし算)・減法(ひき算)，数×多項式，単項式の乗
法(かけ算)・除法(わり算)や等式変形が出題されます。かっ
このはずし方や文字の約分のしかたに慣れておきましょう。

POINT1　多項式の加法・減法

かっこをはずし，文字の項，数の項どうしをまとめる。
かっこのはずし方

$+(a+b) = +a+b, \quad +(a-b) = +a-b$
$-(a+b) = -a-b, \quad -(a-b) = -a+b$

● かっこをはずすときは，( )の前の符号に注意します。

$+$ ( )　⇨　**そのまま** ( )をはずす。

$-$ ( )　⇨　**符号を変えて** ( )をはずす。

例　$5x + (2x - 3) = 5x + 2x - 3$

$5x - (2x - 3) = 5x - 2x + 3$

 例題1

$(4x - 3) - (7x + 5)$ を計算しなさい。

解答・解説

$(4x-3) - (7x+5)$

$\left.\begin{array}{l}\end{array}\right\}$ 符号に注意して
( )をはずす。

$= 4x - 3 - 7x - 5$

$= 4x - 7x - 3 - 5$　文字の項，数の項を
まとめる。

$= (4-7)x + (-3-5)$

$= -3x - 8$ **答**

確認！
単項式…乗法だけでできた
式
多項式…単項式の和の形で
表された式
例　$4x - 3$
$= \underline{4x} + \underline{(-3)}$
　　　項　　項

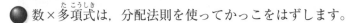
数×多項式の加法・減法

分配法則を使ってかっこをはずし，同類項をまとめる。

分配法則　　$m \times (a + b) = ma + mb$

● 数×多項式は，分配法則を使ってかっこをはずします。

■加法

分配法則を使ってかっこをはずし，**同類項** をまとめます。

例　$5a - 4 + 3(a - 2)$

$= 5a - 4 + 3a - 6$

$= (5 + 3)a + (-4 - 6) = 8a - 10$

■減法

ひく式は **符号を変えて** かっこをはずし，同類項をまとめます。

例　$5a - 4 - 3(a - 2)$

　　　　　　　$\downarrow (-3) \times a + (-3) \times (-2)$

$= 5a - 4 \boxed{-3a + 6}$

$= (5 - 3)a + (-4 + 6) = 2a + 2$

▶**確認！**

同類項…文字の部分が同じ
項

例題2

$3(4x + y) - 5(2x - 3y)$ を計算しなさい。

解答・解説

$3(4x + y) - 5(2x - 3y)$

　　$\overbrace{3 \times 4x + 3 \times y}$

$= \boxed{12x + 3y}\ \boxed{-10x + 15y}$

　　　　　$\underbrace{(-5) \times 2x + (-5) \times (-3y)}$

分配法則を使って
( )をはずす。

同類項をまとめる。

$= (12 - 10)x + (3 + 15)y$

$= 2x + 18y$　**答**

分母の最小公倍数で通分してから，分子の計算をする。

例 　$\dfrac{a-1}{2}+\dfrac{a+2}{3}=\dfrac{3(a-1)}{6}+\dfrac{2(a+2)}{6}$

6で通分

● 分数の形の式の加法・減法は，分母の最小公倍数で通分 してから，
分子の計算をします。

また，通分を行うとき，分子の式にはかっこをつけることを忘れない
ようにします。

 例題3

$\dfrac{3a+2}{4}-\dfrac{2a-1}{6}$ を計算しなさい。

解答・解説

$$\dfrac{3a+2}{4}-\dfrac{2a-1}{6}$$

$$=\dfrac{3(3a+2)}{12}-\dfrac{2(2a-1)}{12}$$

分母の最小公倍数の12で通分する。

$$=\dfrac{3(3a+2)-2(2a-1)}{12}$$

分配法則を使って（ ）をはずす。

$$=\dfrac{9a+6-4a+2}{12}$$

同類項をまとめる。

$$=\dfrac{5a+8}{12}$$ 答

注意

方程式のように分母をはら
うことはできないので，気
をつける。

POINT4　単項式の乗法・除法

係数は係数どうし，文字は文字どうしで計算する。

例　$-4\,x \times 6\,y = -24\,xy$

係数の積／文字の積

● 単項式の乗法・除法は，係数は係数どうし，文字は文字どうしで計算します。

■単項式の除法

逆数をかける乗法に直して計算します。

例　$6a^2b \div 2ab = 6a^2b \times \dfrac{1}{2ab} = \dfrac{\overset{3}{6}\,\overset{a}{a}\,\overset{}{b}}{\underset{1}{2}\,a\,b} = 3a$

乗法に直す　　約分する

■単項式の乗法・除法の混じった式

除法を乗法に直して，乗法だけの計算にします。

例　$12x^2y \div 4xy \times 3y = 12x^2y \times \dfrac{1}{4xy} \times 3y$ ← 乗法だけの式にする。

乗法に直す

 例題4

$18a^3b \div 6ab \times b^2$を計算しなさい。

解答・解説

$18a^3b \div 6ab \times b^2$　乗法に直す。

$= 18a^3b \times \dfrac{1}{6ab} \times b^2$

$= \dfrac{\overset{3}{18}a^{3}\overset{2}{b}\times 1 \times b^2}{\underset{1}{6}\,a\,b}$　約分する。

$= 3a^2b^2$　答

解法のツボ?

文字式の約分

$m>n$ のとき，$\dfrac{a^m}{a^n}=a^{m-n}$

例　$\dfrac{a^3}{a}=a^{3-1}=a^2$

$m<n$ のとき，

$\dfrac{a^m}{a^n}=\dfrac{1}{a^{n-m}}$

例　$\dfrac{a}{a^3}=\dfrac{1}{a^{3-1}}=\dfrac{1}{a^2}$

OINT5 　　　　　　式の値

数値の代入
計算して簡単な式にしてから代入する。

● 数値が負の数のときは，必ず（ ）をつけて代入します。

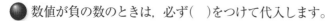 **例題5**

$a = -3$のとき，次の式の値を求めなさい。

(1) $-2a - 9$ (2) $-4a^2 - 8$

 解答・解説

(1) $-2a - 9$

$\quad = -2 \times (-3) - 9$

$\quad = 6 - 9 = -3$ 答

(2) $-4a^2 - 8$

$\quad = -4 \times (-3)^2 - 8$

$\quad = -36 - 8 = -44$ 答

例題6

$x = 4$，$y = -2$のとき，次の式の値を求めなさい。

(1) $4(3x - 2y) - (7x - 9y)$ (2) $(-3x)^2 \times 8xy^3 \div 12xy$

 解答・解説

(1) $4(3x - 2y) - (7x - 9y)$

$\quad = 12x - 8y - 7x + 9y = 5x + y$ ← 計算して簡単な式にする。

$\quad = 5 \times 4 + (-2)$

$\quad = 20 - 2 = 18$ 答

(2) $(-3x)^2 \times 8xy^3 \div 12xy$

$\quad = 9x^2 \times 8xy^3 \times \dfrac{1}{12xy} = 6x^2y^2$ ← 計算して簡単な式にする。

$\quad = 6 \times 4^2 \times (-2)^2 = 384$ 答

POINT 6   等式変形

x について解く　⇨　$x = \sim$ の形に変形する。

例　$4x - 3 = y$　⎤ -3 を移項する。

$4x = y + 3$　⎦ 両辺を4でわる。

$x = \dfrac{y + 3}{4}$

● 等式を「ある文字について解く」とは，(求める文字) $= \sim$ の形に変形することをいいます。このとき，等式の性質を利用すると，いろいろな式に変形できます。

■等式の性質

① $A = B$ ならば，$A + C = B + C$

$4x - 3 = y$　⇨　$4x - 3 + 3 = y + 3$　→　$4x = y + 3$

② $A = B$ ならば，$A - C = B - C$

$2x + 5 = y$　⇨　$2x + 5 - 5 = y - 5$　→　$2x = y - 5$

③ $A = B$ ならば，$A \times C = B \times C$

$\dfrac{x + 3}{2} = 7y$　⇨　$\dfrac{x + 3}{2} \times 2 = 7y \times 2$　→　$x + 3 = 14y$

④ $A = B$ ならば，$A \div C = B \div C$

$4x = y + 3$　⇨　$4x \div 4 = (y + 3) \div 4$　→　$x = \dfrac{y + 3}{4}$

例題7

等式 $3a - 5b = 8$ を b について解きなさい。

解答・解説

$3a - 5b = 8$

$-5b = -3a + 8$　⎤ $3a$ を移項する。

$b = \dfrac{-3a + 8}{-5}$　⎦ 両辺を -5 でわる。

$b = \dfrac{-(-3a + 8)}{5}$

$b = \dfrac{3a - 8}{5}$　**答**

確認！

移項…一方の辺の項を，符号を変えて他方の辺に移すこと。

注意

両辺を負の数でわるときは，符号が変わることに注意する。

解き方と解答 48〜50ページ

1 次の計算をしなさい。

(1) $6a - (2a - 8b)$

(2) $5x - 2(x - 3)$

2 次の計算をしなさい。

(1) $2(3x + 1) + 3(6 - 5x)$ 　過去(2) $3(5x - y) - 5(3x + 2y)$

3 次の計算をしなさい。

過去(1) $7xy^2 \times (-9xy)$

(2) $-36a^2b \div 4ab$

4 次の計算をしなさい。

(1) $48x^2y \div 8xy \times x$

(2) $72a^2b \div 9ab \times 3b$

過去 **5** $x = 4$, $y = -3$ のとき，次の式の値を求めなさい。

(1) $4x - 2y$

(2) $5xy + 3y^2$

6 次の等式を y について解きなさい。

(1) $2x + 5y = 3$

過去(2) $8x - 3y = 11$

B チャレンジ問題

得点

全**8**問

解き方と解答 51〜53ページ

1 次の計算をしなさい。

(1) $\dfrac{7x+3}{10} - \dfrac{2x+1}{5}$

過去(2) $\dfrac{5x-2y}{6} - \dfrac{7x-3y}{8}$

2 次の計算をしなさい。

(1) $24xy^3 \div 2y \div 4xy$

過去(2) $(xy^2)^2 \div (2xy)^2 \times x^2$

3 $a=-1$, $b=2$ のとき，次の式の値を求めなさい。

(1) $4(a-2b)-3(2a+3b)$

(2) $2a^3b \div 4a^2 \times (-6ab)$

4 等式 $c = \dfrac{4a-3b}{2}$ を b について解きなさい。

5 等式 $\dfrac{5}{4}x - \dfrac{3}{2}y - \dfrac{1}{4} = 0$ を x について解きなさい。

1 次の計算をしなさい。

$$(1) \quad 6a - (2a - 8b) \qquad\qquad (2) \quad 5x - 2(x - 3)$$

【解き方】

$$
\begin{aligned}
(1) \quad & 6a - (2a - 8b) \\
& = 6a - 2a + 8b \\
& = (6 - 2)a + 8b \\
& = 4a + 8b
\end{aligned}
$$

符号に注意して（ ）をはずす。

同類項をまとめる。

$4a + 8b$ **解答**

$$
\begin{aligned}
(2) \quad & 5x - 2(x - 3) \\
& = 5x \boxed{-2x + 6} \\
& \qquad \underline{\quad} (-2) \times x + (-2) \times (-3) \\
& = 3x + 6
\end{aligned}
$$

$3x + 6$ **解答**

2 次の計算をしなさい。

$$(1) \quad 2(3x + 1) + 3(6 - 5x) \qquad\qquad (2) \quad 3(5x - y) - 5(3x + 2y)$$

【解き方】

$$
\begin{aligned}
(1) \quad & 2(3x + 1) + 3(6 - 5x) \\
& = 6x + 2 + 18 - 15x \\
& = (6 - 15)x + (2 + 18) \\
& = -9x + 20
\end{aligned}
$$

分配法則を使って（ ）をはずす。

文字の項，数の項どうしをまとめる。

$-9x + 20$ **解答**

$$
\begin{aligned}
(2) \quad & 3(5x - y) - 5(3x + 2y) \\
& = 15x - 3y \boxed{-15x - 10y} \\
& \qquad \underline{\quad} (-5) \times 3x + (-5) \times 2y \\
& = (15 - 15)x + (-3 - 10)y \\
& = -13y
\end{aligned}
$$

$-13y$ **解答**

3 次の計算をしなさい。

(1) $7xy^2 \times (-9xy)$　　　　(2) $-36a^2b \div 4ab$

【解き方】

(1) $7xy^2 \times (-9xy)$

$= 7 \times (-9) \times xy^2 \times xy$

$= -63x^2y^3$

係数は係数どうし，文字は文字どうし計算する。

$-63x^2y^3$ 解答

解法のツボ

指数の法則
$a^m \times a^n = a^{m+n}$
を利用する。

(2) $-36a^2b \div 4ab$

$= -36a^2b \times \dfrac{1}{4ab}$

$= -\dfrac{\overset{9}{36}a^2\overset{a}{b}}{\underset{1}{4ab}}$

$= -9a$

逆数 $\dfrac{1}{4ab}$ をかける。

約分する。

$-9a$ 解答

4 次の計算をしなさい。

(1) $48x^2y \div 8xy \times x$　　　　(2) $72a^2b \div 9ab \times 3b$

【解き方】

(1) $48x^2y \div 8xy \times x$

$= 48x^2y \times \dfrac{1}{8xy} \times x$

$= \dfrac{\overset{6}{48}x^2\overset{x}{y} \times \overset{x}{x}}{\underset{1}{8xy}} = 6x^2$

乗法だけの式にする。

$6x^2$ 解答

(2) $72a^2b \div 9ab \times 3b$

$= 72a^2b \times \dfrac{1}{9ab} \times 3b$

$= \dfrac{\overset{8}{72}a^2\overset{b}{b} \times 3b}{\underset{1}{9ab}} = 24ab$

$24ab$ 解答

5 $x=4$, $y=-3$ のとき，次の式の値を求めなさい。

(1) $4x-2y$　　　　　　　　　(2) $5xy+3y^2$

【解き方】

(1) $4x-2y$

$\quad =4\times4-2\times(-3)$ ┐ $x=4$, $y=-3$ を代入する。

$\quad =16-(-6)$

$\quad =16+6=22$

$$22 \quad \boxed{\text{解答}}$$

解法のツボ？

負の数を代入するときは，必ず（ ）をつけるようにすると，累乗の計算もミスなく解くことができる。

(2) $5xy+3y^2$

$\quad =5\times4\times(-3)+3\times(-3)^2$ ┐ 累乗，乗法の順で計算する。

$\quad =-60+27$

$\quad =-33$

$$-33 \quad \boxed{\text{解答}}$$

---

6 次の等式を y について解きなさい。

(1) $2x+5y=3$　　　　　　　　(2) $8x-3y=11$

【解き方】

(1) $2x+5y=3$

$\quad\quad 5y=-2x+3$ ← $2x$ を移項する。

$\quad\quad y=\dfrac{-2x+3}{5}$ ← 両辺を5でわる。

$$y=\dfrac{-2x+3}{5} \quad \boxed{\text{解答}}$$

(2) $8x-3y=11$

$\quad\quad -3y=-8x+11$ ← $8x$ を移項する。

$\quad\quad y=\dfrac{-8x+11}{-3}$ ← 両辺を-3でわる。

$\quad\quad y=\dfrac{-(-8x+11)}{3}$

$\quad\quad y=\dfrac{8x-11}{3}$

$$y=\dfrac{8x-11}{3} \quad \boxed{\text{解答}}$$

B 解き方と解答

問題 47ページ

1 次の計算をしなさい。

(1) $\dfrac{7x+3}{10} - \dfrac{2x+1}{5}$

(2) $\dfrac{5x-2y}{6} - \dfrac{7x-3y}{8}$

【解き方】

(1) $\dfrac{7x+3}{10} - \dfrac{2x+1}{5} = \dfrac{7x+3}{10} - \dfrac{2(2x+1)}{10}$ ← 10と5の最小公倍数の 10で通分する。

$= \dfrac{7x+3-2(2x+1)}{10}$

分配法則を使って（ ）をはずす。

$= \dfrac{7x+3-4x-2}{10}$

文字の項，数の項どうしをまとめる。

$= \dfrac{3x+1}{10}$

$\dfrac{3x+1}{10}$ **解答**

(2) $\dfrac{5x-2y}{6} - \dfrac{7x-3y}{8} = \dfrac{4(5x-2y)}{24} - \dfrac{3(7x-3y)}{24}$

$= \dfrac{4(5x-2y)-3(7x-3y)}{24}$

 注意

かけ忘れや符号のミスを防ぐために，分子の式に（ ）をつけて通分する。

$= \dfrac{20x-8y-21x+9y}{24}$

同類項をまとめる。

$= \dfrac{-x+y}{24}$

$\dfrac{-x+y}{24}$

これだけは覚えておこう

〈分数の形の式の加法・減法〉

① 分母の最小公倍数で通分する。（分子の式にはかっこをつける）

② 分子の計算をする。

2 次の計算をしなさい。

(1) $24xy^3 \div 2y \div 4xy$ (2) $(xy^2)^2 \div (2xy)^2 \times x^2$

【解き方】

(1) $24xy^3 \boxed{\div 2y} \boxed{\div 4xy}$

$= 24xy^3 \boxed{\times \dfrac{1}{2y}} \boxed{\times \dfrac{1}{4xy}}$

乗法だけの式にする。

$= \dfrac{\overset{3}{\cancel{24}}x y^{\cancel{3}}}{\underset{1}{\cancel{2}}y \times \underset{1}{\cancel{4}}xy} = 3y$

$3y$ 解答

(2) $(xy^2)^2 \div (2xy)^2 \times x^2$

$= (xy^2 \times xy^2) \div (2xy \times 2xy) \times x^2$

累乗を計算する。

$= x^2y^4 \div 4x^2y^2 \times x^2$

$= x^2y^4 \times \dfrac{1}{4x^2y^2} \times x^2$

逆数 $\dfrac{1}{4x^2y^2}$ をかける。

$= \dfrac{x^2y^4 \times x^2}{4x^2y^2} = \dfrac{1}{4}x^2y^2$

$\dfrac{1}{4}x^2y^2$ 解答

3 $a = -1$, $b = 2$ のとき, 次の式の値を求めなさい。

(1) $4(a - 2b) - 3(2a + 3b)$ (2) $2a^3b \div 4a^2 \times (-6ab)$

【解き方】

計算して簡単な式にしてから代入する。

(1) $4(a - 2b) - 3(2a + 3b)$

$= 4a - 8b - 6a - 9b$

分配法則を使って( )をはずす。

$= -2a - 17b$

同類項をまとめる。

$= -2 \times (-1) - 17 \times 2$

$a = -1$, $b = 2$ を代入する。

$= 2 - 34$

$= -32$

-32 解答

(2) $\quad 2a^3b \div 4a^2 \times (-6ab)$

$\quad = 2a^3b \times \dfrac{1}{4a^2} \times (-6ab)$ ← 乗法だけの式にする。

$\quad = \dfrac{\overset{1}{\cancel{2}}a^{\overset{3}{\cancel{3}}}b \times (-\overset{3}{\cancel{6}}ab)}{\underset{1}{\cancel{4}}a^{\overset{}{\cancel{2}}}}$ ← 約分する。

$\quad = -3a^2b^2$ ← $a=-1,\ b=2$ を代入する。

$\quad = -3 \times (-1)^2 \times 2^2$

$\quad = -12$

-12 **解答**

---

4 等式 $c = \dfrac{4a-3b}{2}$ を b について解きなさい。

【解き方】

$c = \dfrac{4a-3b}{2}$ ← 両辺に 2 をかけて分母をはらう。

$2c = 4a-3b$ ← $-3b$ と $2c$ を移項する。

$3b = 4a-2c$ ← 両辺を 3 でわる。

$b = \dfrac{4a-2c}{3}$

$b = \dfrac{4a-2c}{3}$ **解答**

---

5 等式 $\dfrac{5}{4}x - \dfrac{3}{2}y - \dfrac{1}{4} = 0$ を x について解きなさい。

【解き方】

$\dfrac{5}{4}x - \dfrac{3}{2}y - \dfrac{1}{4} = 0$ ← 両辺に 4 をかけて分母をはらう。

$5x - 6y - 1 = 0$ ← $-6y$ と -1 を移項する。

$5x = 6y + 1$ ← 両辺を 5 でわる。

$x = \dfrac{6y+1}{5}$

$x = \dfrac{6y+1}{5}$ **解答**

3 1次方程式

ここが 出題される▶ 1次方程式では，移項して解くものやかっこがついたもの，係数が整数でないものが出題されます。係数を整数にする方法をしっかり理解しておきましょう。

POINT 1　1次方程式の解き方

等式の性質を利用して，x について解く。

$$ax = b \quad \Rightarrow \quad x = \frac{b}{a}$$

● 1次方程式の解き方の手順

①　文字の項を左辺に，数の項を右辺に **移項** する。

②　**$ax = b$** の形に整理する。

③　両辺を **x の係数** a でわる。$x = \dfrac{b}{a}$

例題 1

次の方程式を解きなさい。

(1)　$4x - 6 = 2$

(2)　$5x - 3 = 2x + 9$

解答・解説

(1)　$4x - 6 = 2$
$$4x = 2 + 6$$
$$4x = 8$$
$$x = 2 \quad 答$$

-6 を右辺へ移項する。

$ax = b$ の形に整理する。

両辺を x の係数 4 でわる。

移項するときは符号を変えるのを忘れないように注意が必要でしたね。

(2)　$5x - 3 = 2x + 9$
$$5x - 2x = 9 + 3$$
$$3x = 12$$
$$x = 4 \quad 答$$

$2x$ を左辺へ，-3 を右辺へ移項する。

両辺を x の係数 3 でわる。

P○INT **2** 　分数係数の1次方程式の解き方

両辺に**分母の最小公倍数**をかけて，分数を
整数にする（分母をはらう）。

● 係数に分数を含む1次方程式は，両辺に **分母の最小公倍数** をかけて，
分母をはらってから計算します。

例　$\dfrac{3}{2}x = \dfrac{4}{3}$

　　両辺に2と3の最小公倍数の6を
　　かけて分母をはらう。

　　$9x = 8$

　　$x = \dfrac{8}{9}$

> 分母のはらい方は，
> しっかり理解して
> おきましょう。

例題 **2**

次の方程式を解きなさい。

(1)　$\dfrac{x}{6} + 1 = \dfrac{2}{3}x$

(2)　$\dfrac{x}{2} = \dfrac{3}{4}x + \dfrac{3}{2}$

解答・解説

(1)　　　$\dfrac{x}{6} + 1 = \dfrac{2}{3}x$

　　両辺に6と3の最小公倍数の
　　6をかけて，分母をはらう。

　　　$\left(\dfrac{x}{6} + 1\right) \times 6 = \dfrac{2}{3}x \times 6$

　　　$\boxed{x + 6} = 4x$

$\dfrac{x}{6} \times 6 + 1 \times 6$

移項する。

　　　　　$x - 4x = -6$

　　　　　$-3x = -6$　　$x = 2$　**答**

> **注意**
> $\left(\dfrac{x}{6} + 1\right) \times \overset{1}{\cancel{6}} = x + 1$ のよう
> に計算しないこと。

(2)　　　$\dfrac{x}{2} = \dfrac{3}{4}x + \dfrac{3}{2}$

　　両辺に2と4の最小公倍数の
　　4をかけて，分母をはらう。

　　　$\dfrac{x}{2} \times 4 = \left(\dfrac{3}{4}x + \dfrac{3}{2}\right) \times 4$

　　　　$2x = 3x + 6$

移項する。

　　　$2x - 3x = 6$

　　　　$-x = 6$　　$x = -6$　**答**

解き方と解答 58〜59ページ

1 次の方程式を解きなさい。

(1) $2x - 8 = 10x + 16$

(2) $5x + 9 = -2x - 19$

2 次の方程式を解きなさい。

過去 (1) $7x = 21 - (4x - 1)$

(2) $13x = 10 - (2 - 9x)$

3 次の方程式を解きなさい。

(1) $\dfrac{5}{4}x = \dfrac{3}{8}x - \dfrac{7}{2}$

(2) $\dfrac{x}{2} - 3 = \dfrac{4}{3}x + 2$

過去 (3) $\dfrac{2}{3}x - 2 = \dfrac{5}{6}x + \dfrac{1}{2}$

B チャレンジ問題

得点

全**7**問

解き方と解答 60〜61ページ

1 次の方程式を解きなさい。

(1) $4x + 7 = 7x - 11$

(2) $2x - 5 = 8x + 19$

2 次の方程式を解きなさい。

(1) $5 + 2(x - 4) = -x$

(2) $4 - 3(6 - x) = 5x + 2$

3 次の方程式を解きなさい。

過去 (1) $\dfrac{2x - 1}{6} + \dfrac{3x + 2}{2} = 10$

(2) $\dfrac{x - 1}{2} - \dfrac{3x + 1}{4} = 3$

過去 (3) $\dfrac{x + 3}{2} - \dfrac{2x - 4}{5} = 1$

A 解き方と解答

問題 56ページ

---

1 次の方程式を解きなさい。

(1)　$2x - 8 = 10x + 16$　　　　(2)　$5x + 9 = -2x - 19$

【解き方】

(1)　$2x - 8 = 10x + 16$　　┐
　　　$2x - 10x = 16 + 8$　　│　$10x$ を左辺へ、-8 を右辺へ移項する。
　　　　　$-8x = 24$　　　　│　$ax = b$ の形に整理する。
　　　　　　$x = -3$　　　　┘　両辺を x の係数 -8 でわる。　　　$x = -3$　**解答**

(2)　$5x + 9 = -2x - 19$　　┐
　　　$5x + 2x = -19 - 9$　　┘　$-2x$ を左辺へ、9 を右辺へ移項する。
　　　　　$7x = -28$
　　　　　　$x = -4$　　　　　　　　　　　　　　　　$x = -4$　**解答**

---

2 次の方程式を解きなさい。

(1)　$7x = 21 - (4x - 1)$　　　　(2)　$13x = 10 - (2 - 9x)$

【解き方】

(1)　　　$7x = 21 - (4x \; - \; 1)$　┐
　　　　　$7x = 21 - 4x \; + \; 1$　│　符号に注意して（　）をはずす。
　　　$7x + 4x = 21 + 1$　　　　┘　移項する。
　　　　　$11x = 22$
　　　　　　$x = 2$　　　　　$x = 2$　**解答**

> ↪ **確認！**
> $-(\quad)$ の場合，符号を変え
> て（　）をはずす。

(2)　　　$13x = 10 - (2 - 9x)$　┐
　　　　　$13x = 10 - 2 + 9x$　│　符号に注意して（　）をはずす。
　　　$13x - 9x = 10 - 2$　　　┘　移項する。
　　　　　$4x = 8$
　　　　　　$x = 2$　　　　　　　　　　　　　　$x = 2$　**解答**

3 次の方程式を解きなさい。

(1) $\dfrac{5}{4}x = \dfrac{3}{8}x - \dfrac{7}{2}$

(2) $\dfrac{x}{2} - 3 = \dfrac{4}{3}x + 2$

(3) $\dfrac{2}{3}x - 2 = \dfrac{5}{6}x + \dfrac{1}{2}$

【解き方】

(1)
$$\dfrac{5}{4}x = \dfrac{3}{8}x - \dfrac{7}{2}$$

$$\dfrac{5}{4}x \times 8 = \left(\dfrac{3}{8}x - \dfrac{7}{2}\right) \times 8$$

$$10x = 3x - 28$$
$$10x - 3x = -28$$
$$7x = -28$$
$$x = -4$$

$x = -4$ **解答**

両辺に4と8と2の最小公倍数の8をかけて，分母をはらう。

確認！
分数係数は，分母の最小公倍数を両辺にかけて，分母をはらい，整数にする。

(2)
$$\dfrac{x}{2} - 3 = \dfrac{4}{3}x + 2$$

$$\left(\dfrac{x}{2} - 3\right) \times 6 = \left(\dfrac{4}{3}x + 2\right) \times 6$$

$$3x - 18 = 8x + 12$$
$$3x - 8x = 12 + 18$$
$$-5x = 30$$
$$x = -6$$

両辺に2と3の最小公倍数の6をかけて，分母をはらう。

$x = -6$ **解答**

(3)
$$\dfrac{2}{3}x - 2 = \dfrac{5}{6}x + \dfrac{1}{2}$$

$$\left(\dfrac{2}{3}x - 2\right) \times 6 = \left(\dfrac{5}{6}x + \dfrac{1}{2}\right) \times 6$$

$$4x - 12 = 5x + 3$$
$$4x - 5x = 3 + 12$$
$$-x = 15$$
$$x = -15$$

両辺に3と6と2の最小公倍数の6をかけて，分母をはらう。

$x = -15$ **解答**

1 次の方程式を解きなさい。

(1)　$4x + 7 = 7x - 11$　　　　(2)　$2x - 5 = 8x + 19$

【解き方】

(1)　$4x + 7 = 7x - 11$　┐
　　　$4x - 7x = -11 - 7$　←　移項する。
　　　　$-3x = -18$
　　　　　$x = 6$　　　　　　　　　　　$x = 6$　解答

(2)　$2x - 5 = 8x + 19$　┐
　　　$2x - 8x = 19 + 5$　←　移項する。
　　　　$-6x = 24$
　　　　　$x = -4$　　　　　　　　　　$x = -4$　解答

2 次の方程式を解きなさい。

(1)　$5 + 2(x - 4) = -x$　　　　(2)　$4 - 3(6 - x) = 5x + 2$

【解き方】

分配法則
$m(a + b) = ma + mb$ を
使って（　）をはずします。

(1)　$5 + 2(x - 4) = -x$　┐
　　　$5 + 2x - 8 = -x$　←　かっこをはずす。
　　　$2x + x = -5 + 8$　←　移項する。
　　　　$3x = 3$
　　　　　$x = 1$　　　　　　　　　　　$x = 1$　解答

(2)　$4 - 3(6 - x) = 5x + 2$　┐
　　　$4 - 18 + 3x = 5x + 2$　←　符号に注意して（　）をはずす。
　　　$3x - 5x = 2 - 4 + 18$　←　移項する。
　　　　$-2x = 16$
　　　　　$x = -8$　　　　　　　　　　$x = -8$　解答

3 次の方程式を解きなさい。

(1) $\dfrac{2x-1}{6}+\dfrac{3x+2}{2}=10$

(2) $\dfrac{x-1}{2}-\dfrac{3x+1}{4}=3$

(3) $\dfrac{x+3}{2}-\dfrac{2x-4}{5}=1$

【解き方】

(1)
$$\dfrac{2x-1}{6}+\dfrac{3x+2}{2}=10$$
$$\dfrac{2x-1}{6}\times6+\dfrac{3x+2}{2}\times6=10\times6$$
$$2x-1+3(3x+2)=60$$
$$2x-1+9x+6=60$$
$$2x+9x=60+1-6$$
$$11x=55$$
$$x=5$$

両辺に6と2の最小公倍数の6をかけて分母をはらう。

← かっこをつけて計算する。

$x=5$ **解答**

(2)
$$\dfrac{x-1}{2}-\dfrac{3x+1}{4}=3$$
$$\dfrac{x-1}{2}\times4-\dfrac{3x+1}{4}\times4=3\times4$$
$$2(x-1)-(3x+1)=12$$
$$2x-2-3x-1=12$$
$$2x-3x=12+2+1$$
$$-x=15$$
$$x=-15$$

両辺に2と4の最小公倍数の4をかけて，分母をはらう。

符号に注意して（　）をはずす。

$x=-15$ **解答**

(3)
$$\dfrac{x+3}{2}-\dfrac{2x-4}{5}=1$$
$$\dfrac{x+3}{2}\times10-\dfrac{2x-4}{5}\times10=1\times10$$
$$5(x+3)-2(2x-4)=10$$
$$5x+15-4x+8=10$$
$$5x-4x=10-15-8$$
$$x=-13$$

両辺に2と5の最小公倍数の10をかけて分母をはらう。

符号に注意して（　）をはずす。

$x=-13$ **解答**

4 連立方程式

ここが
出題される ▶
連立方程式では，加減法や代入法を使って解を求める問題が出題されます。どのような場合にどちらの解法を使って解くか，すばやく判断できるようにしておきましょう。

◉POINT1　加減法

x, y のどちらか消しやすい文字を消去して解く。

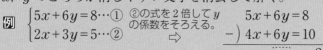

例 $\begin{cases} 5x+6y=8\cdots① \\ 2x+3y=5\cdots② \end{cases}$　②の式を2倍して y の係数をそろえる。
$\Rightarrow$

$$5x+6y=8$$
$$-)\ 4x+6y=10$$
$$x\ \boxed{}=-2 \leftarrow$$
$\llcorner y$ を消去

求めた x を使って y の値を求める。

● 1つの文字の係数の絶対値をそろえ，左辺どうし，右辺どうしをたすかひくかして，1つの文字を消去する方法を **加減法** といいます。

▶例題1

連立方程式 $\begin{cases} 3x+2y=5 \\ 5x+4y=7 \end{cases}$ を解きなさい。

解答・解説

$\begin{cases} 3x+2y=5\cdots① \\ 5x+4y=7\cdots② \end{cases}$

①×2 より，$6x+4y=10\cdots①'$　← y の係数の絶対値をそろえる。

$①'-②$ より，y を消去する。

$$\begin{array}{r} 6x+4y=10 \\ -)\ 5x+4y=7 \\ \hline x\qquad=3 \end{array}$$

解法のツボ？

係数の絶対値が簡単にそろうほうの文字を消去する。

$x=3$ を①に代入する。

$$3 \times 3 + 2y = 5$$
$$2y = -4 \qquad y = -2$$

よって，$\begin{cases} x=3 \\ y=-2 \end{cases}$ **答**

 POINT **2** ┃ **代入法**

$x=\sim$，$y=\sim$ の形になっている式を他方に代入する。

例 $\begin{cases} x = \boxed{2y-3} \cdots ① \\ x + y = 6 \cdots ② \end{cases}$ ①を②に代入 $\Rightarrow$ $(\boxed{2y-3}) + y = 6$ ← 求めた y を使って x の値を求める。

└ 代入した部分

● $x=\sim$ または，$y=\sim$ の形になっているほうの式を他方の式に代入して，1つの文字を消去する方法を **代入法** といいます。

 例題 2

連立方程式 $\begin{cases} \boldsymbol{x = y + 4} \\ \boldsymbol{2x + 3y = 3} \end{cases}$ を解きなさい。

解答・解説

$\begin{cases} x = y+4 \quad \cdots① \\ 2x + 3y = 3 \cdots② \end{cases}$

①を②に代入して，x を消去する。

$\begin{cases} x = \boxed{y+4} \\ \qquad \downarrow \text{代入する。} \\ 2\,\boxed{x} + 3y = 3 \end{cases}$

$$2(\boxed{y+4}) + 3y = 3 \quad \text{┐ 分配法則を使って}$$
$$2y + 8 + 3y = 3 \quad \text{◄┘ （ ）をはずす。}$$
$$5y = -5 \qquad y = -1$$

$y=-1$ を①に代入する。

$$x = -1 + 4 = 3$$

数の代入と同じように考えて，式に式を代入するんですね。

注意

式を代入するときは，必ず（ ）をつける。

よって，$\begin{cases} x=3 \\ y=-1 \end{cases}$ **答**

解き方と解答 66〜67ページ

1 次の連立方程式を解きなさい。

(1) $\begin{cases} x+2y=4 \\ 5x-2y=8 \end{cases}$

過去 (2) $\begin{cases} 2x-3y=-6 \\ 4x+3y=24 \end{cases}$

2 次の連立方程式を解きなさい。

(1) $\begin{cases} y=x-6 \\ 3x+y=-2 \end{cases}$

過去 (2) $\begin{cases} y=5x+9 \\ 7x+y=-3 \end{cases}$

B チャレンジ問題

得点

全**4**問

解き方と解答 68〜69ページ

1 次の連立方程式を解きなさい。

(1) $\begin{cases} 2x + 3y = -1 \\ 5x + 2y = 14 \end{cases}$

過去 (2) $\begin{cases} y = 6x - 3 \\ 8x - 2y = 2 \end{cases}$

2 次の連立方程式を解きなさい。

(1) $\begin{cases} \dfrac{7}{2}x + \dfrac{y}{4} = 5 \\ 5x + 2y = -6 \end{cases}$

(2) $\begin{cases} 0.9x - y = 2.5 \\ -3x + 5y = -5 \end{cases}$

---

1 次の連立方程式を解きなさい。

(1) $\begin{cases} x+2y=4 \\ 5x-2y=8 \end{cases}$

(2) $\begin{cases} 2x-3y=-6 \\ 4x+3y=24 \end{cases}$

【解き方】

(1) $\begin{cases} x+2y=4 \quad \cdots① \\ 5x-2y=8 \cdots② \end{cases}$

①＋②より，y を消去する。← y の係数の絶対値がそろっているので，y を消去する。

$$\begin{array}{r} x+2y=4 \\ +)\ 5x-2y=8 \\ \hline 6x\quad\ =12 \\ x\quad\ =2 \end{array}$$

両辺を6でわる。

$x=2$ を①に代入して，$2+2y=4$

$$2y=2$$
$$y=1$$

$\begin{cases} x=2 \\ y=1 \end{cases}$ 解答

(2) $\begin{cases} 2x-3y=-6\cdots① \\ 4x+3y=24 \quad\cdots② \end{cases}$

①＋②より，y を消去する。

$$\begin{array}{r} 2x-3y=-6 \\ +)\ 4x+3y=24 \\ \hline 6x\quad\ =18 \\ x\quad\ =3 \end{array}$$

両辺を6でわる。

$x=3$ を①に代入して，$2×3-3y=-6$

$$-3y=-12$$
$$y=4$$

$\begin{cases} x=3 \\ y=4 \end{cases}$ 解答

消しやすい文字を消去することが大事なんですね。

2 次の連立方程式を解きなさい。

(1) $\begin{cases} y = x - 6 \\ 3x + y = -2 \end{cases}$ (2) $\begin{cases} y = 5x + 9 \\ 7x + y = -3 \end{cases}$

【解き方】

(1) $\begin{cases} y = x - 6 & \cdots ① \\ 3x + y = -2 & \cdots ② \end{cases}$

①を②に代入して，y を消去する。

$\begin{cases} y = \boxed{x - 6} \\ \qquad\qquad \downarrow \text{代入する。} \\ 3x + \boxed{y} = -2 \end{cases}$

⤵確認！

$x = \sim$ または $y = \sim$ の形に
なっている式がある場合
は，代入法を使う。

$3x + (\boxed{x - 6}) = -2$ ←（　）をつけて代入する。

$3x + x - 6 = -2$

$4x = 4$

$x = 1$ ⟵ 両辺を 4 でわる。

$x = 1$ を①に代入して，$y = 1 - 6$

$\qquad\qquad\qquad\qquad = -5$

$\begin{cases} x = 1 \\ y = -5 \end{cases}$ 解答

(2) $\begin{cases} y = \boxed{5x + 9} & \cdots ① \\ 7x + \boxed{y} = -3 & \cdots ② \end{cases}$

①を②に代入して，y を消去する。

$7x + (\boxed{5x + 9}) = -3$ ←（　）をつけて代入する。

$7x + 5x + 9 = -3$

$12x = -12$

$x = -1$ ⟵ 両辺を 12 でわる。

$x = -1$ を①に代入して，$y = 5 \times (-1) + 9$

$\qquad\qquad\qquad\qquad\qquad = 4$

$\begin{cases} x = -1 \\ y = 4 \end{cases}$ 解答

1 次の連立方程式を解きなさい。

(1) $\begin{cases} 2x + 3y = -1 \\ 5x + 2y = 14 \end{cases}$ (2) $\begin{cases} y = 6x - 3 \\ 8x - 2y = 2 \end{cases}$

【解き方】

(1) $\begin{cases} 2x + 3y = -1 \cdots ① \\ 5x + 2y = 14 \cdots ② \end{cases}$

① × 2 より, $\qquad 4x + 6y = -2 \cdots ①'$

② × 3 より, $\qquad -) \ 15x + 6y = 42 \cdots ②'$

①′ − ②′ より, $\quad -11x \qquad = -44$ ← y を消去する。

$\qquad\qquad\qquad\qquad x \qquad = 4$ 両辺を−11でわる。

$x = 4$ を①に代入して,

$\qquad 2 \times 4 + 3y = -1$

$\qquad\qquad 3y = -9 \qquad y = -3$

$\begin{cases} x = 4 \\ y = -3 \end{cases}$ 解答

(2) $\begin{cases} y = 6x - 3 \cdots ① \\ 8x - 2y = 2 \cdots ② \end{cases}$

①を②に代入して, y を消去する。

$\qquad 8x - 2(\ 6x - 3 \ ) = 2$

$\qquad\qquad 8x - 12x + 6 = 2$ ← 符号に注意して( )をはずす。

$\qquad\qquad\qquad -4x = -4$

$\qquad\qquad\qquad\quad x = 1$

$x = 1$ を①に代入して, $y = 6 \times 1 - 3$

$\qquad\qquad\qquad\qquad\qquad = 3$

$\begin{cases} x = 1 \\ y = 3 \end{cases}$ 解答

2 次の連立方程式を解きなさい。

(1) $\begin{cases} \dfrac{7}{2}x + \dfrac{y}{4} = 5 \\ 5x + 2y = -6 \end{cases}$ 　　(2) $\begin{cases} 0.9x - y = 2.5 \\ -3x + 5y = -5 \end{cases}$

【解き方】

(1) $\begin{cases} \dfrac{7}{2}x + \dfrac{y}{4} = 5 \quad \cdots① \\ 5x + 2y = -6 \quad \cdots② \end{cases}$

①×4 より，$\left(\dfrac{7}{2}x + \dfrac{y}{4}\right) \times 4 = 5 \times 4$　← 両辺に 2 と 4 の最小公倍数の 4 をかけて分母をはらう。

$$14x + y = 20 \quad \cdots①'$$

①'×2 より，　　$28x + 2y = 40 \quad \cdots①''$　← y の係数の絶対値を そろえる。

$$-)\ \ 5x + 2y = -6 \quad \cdots②$$

①''－②より，　$\overline{\quad 23x \qquad = 46}$　⎤ 両辺を 23 でわる。

$$x \qquad = 2$$

$x = 2$ を②に代入して，

$$5 \times 2 + 2y = -6$$

$$2y = -16 \qquad y = -8$$

$\begin{cases} x = 2 \\ y = -8 \end{cases}$ **解答**

(2) $\begin{cases} 0.9x - y = 2.5 \quad \cdots① \\ -3x + 5y = -5 \quad \cdots② \end{cases}$

①×10 より，　　　　$9x - 10y = 25 \quad \cdots①'$　← 小数係数を整数にする。

②×3 より，　　$+)\ -9x + 15y = -15 \cdots②'$

①'＋②'より，　$\overline{\qquad\qquad 5y = 10 \quad}$　⎤ 両辺を 5 でわる。

$$y = 2$$

$y = 2$ を②に代入して，$-3x + 5 \times 2 = -5$

$$-3x = -15$$

$$x = 5$$

$\begin{cases} x = 5 \\ y = 2 \end{cases}$ **解答**

5 比例と反比例

ここが
出題される
比例や反比例の式を求める問題や，その式をもとに別の値を求める問題が出題されます。比例や反比例の問題を確実に得点に結びつけましょう。

◉OINT　　　比例と反比例

▶ y は x に比例する。　→　$y=ax$（a は比例定数）

▶ y は x に反比例する。→　$y=\dfrac{a}{x}$（a は比例定数）

例題1

y は x に比例し，$x=3$ のとき $y=6$ です。y を x の式で表しなさい。

解答・解説

y は x に比例するので，$y=ax$（a は比例定数）と表せる。

$x=3$ のとき $y=6$ だから，

　　$6=a\times3$ ← $y=ax$ に，x と y の値を代入する。

　　$3a=6$

　　$a=2$　　　したがって，$y=2x$　**答**

例題2

y は x に反比例し，$x=2$ のとき $y=6$ です。$x=4$ のときの y の値を求めなさい。

解答・解説

y は x に反比例するので，$y=\dfrac{a}{x}$（a は比例定数）と表せる。

$x=2$ のとき $y=6$ だから，

　　$6=\dfrac{a}{2}$ ← $y=\dfrac{a}{x}$ に，x と y の値を代入する。

　　$a=12$

したがって，$y=\dfrac{12}{x}$ となり，$x=4$ を代入して，$y=\dfrac{12}{4}=3$　**答**

A チャレンジ問題

得点

全**7**問

解き方と解答 72〜73ページ

1 y は x に比例します。次の場合について，y を x の式で表しなさい。

(1) $x=-3$ のとき $y=9$

(2) $x=2$ のとき $y=-8$

(3) $x=-2$ のとき $y=5$

(4) $x=-3$ のとき $y=-4$

2 y は x に反比例します。次の場合について，y を x の式で表しなさい。

(1) $x=5$ のとき $y=-1$

(2) $x=-4$ のとき $y=2$

(3) $x=-3$ のとき $y=-2$

B チャレンジ問題

得点

全**6**問

解き方と解答 74〜75ページ

1 y は x に比例します。次の場合について，指定された x のときの y の値を求めなさい。

(1) $x=-4$ のとき $y=20$，$x=2$ のときの y の値

(2) $x=-2$ のとき $y=-12$，$x=3$ のときの y の値

(3) $x=4$ のとき $y=-5$，$x=-8$ のときの y の値

2 y は x に反比例します。次の場合について，指定された x のときの y の値を求めなさい。

(1) $x=2$ のとき $y=-6$，$x=-3$ のときの y の値

(2) $x=-4$ のとき $y=4$，$x=8$ のときの y の値

(3) $x=3$ のとき $y=6$，$x=-2$ のときの y の値

解き方と解答

問題 71ページ

1 y は x に比例します。次の場合について，y を x の式で表しなさい。

(1) $x=-3$ のとき $y=9$　　　(2) $x=2$ のとき $y=-8$

(3) $x=-2$ のとき $y=5$　　　(4) $x=-3$ のとき $y=-4$

【解き方】

y は x に比例するので，$y=ax$（a は比例定数）と表せる。

(1) $x=-3$ のとき $y=9$ だから，

$$9=-3a$$
$$a=-3$$

したがって，$y=-3x$

$y=ax$ に，x と y の値を代入しよう。

$$y=-3x \quad \boxed{解答}$$

(2) $x=2$ のとき $y=-8$ だから，

$$-8=2a$$
$$a=-4$$

したがって，$y=-4x$

$$y=-4x \quad \boxed{解答}$$

(3) $x=-2$ のとき $y=5$ だから，

$$5=-2a$$
$$a=-\frac{5}{2}$$

したがって，$y=-\frac{5}{2}x$

$$y=-\frac{5}{2}x \quad \boxed{解答}$$

(4) $x=-3$ のとき $y=-4$ だから，

$$-4=-3a$$
$$a=\frac{4}{3}$$

したがって，$y=\frac{4}{3}x$

$$y=\frac{4}{3}x \quad \boxed{解答}$$

2 y は x に反比例します。次の場合について，y を x の式で表しなさい。

(1) $x = 5$ のとき $y = -1$

(2) $x = -4$ のとき $y = 2$

(3) $x = -3$ のとき $y = -2$

【解き方】

y は x に反比例するので，$y = \dfrac{a}{x}$（a は比例定数）と表せる。

(1) $x = 5$ のとき $y = -1$ だから，

$$-1 = \frac{a}{5}$$

$$a = -5$$

$y = \dfrac{a}{x}$ に，x と y の値を代入しよう。

したがって，$y = -\dfrac{5}{x}$

$$\boldsymbol{y = -\frac{5}{x}}$$ 解答

(2) $x = -4$ のとき $y = 2$ だから，

$$2 = \frac{a}{-4}$$

$$a = -8$$

したがって，$y = -\dfrac{8}{x}$

$$\boldsymbol{y = -\frac{8}{x}}$$ 解答

(3) $x = -3$ のとき $y = -2$ だから，

$$-2 = \frac{a}{-3}$$

$$a = 6$$

したがって，$y = \dfrac{6}{x}$

$$\boldsymbol{y = \frac{6}{x}}$$ 解答

1 y は x に比例します。次の場合について，指定された x のときの y の値を求めなさい。

(1) $x=-4$ のとき $y=20$，$x=2$ のときの y の値

(2) $x=-2$ のとき $y=-12$，$x=3$ のときの y の値

(3) $x=4$ のとき $y=-5$，$x=-8$ のときの y の値

【解き方】

y は x に比例するので，$y=ax$（a は比例定数）と表せる。

(1) $x=-4$ のとき $y=20$ だから，

$$20=-4a$$
$$a=-5$$

$y=ax$ に，x と y の値を代入しよう。

したがって，$y=-5x$ となり，$x=2$ を代入して，

$$y=-5\times2=-10$$

$y=-10$ 解答

(2) $x=-2$ のとき $y=-12$ だから，

$$-12=-2a$$
$$a=6$$

したがって，$y=6x$ となり，$x=3$ を代入して，

$$y=6\times3=18$$

$y=18$ 解答

(3) $x=4$ のとき $y=-5$ だから，

$$-5=4a$$
$$a=-\frac{5}{4}$$

したがって，$y=-\dfrac{5}{4}x$ となり，$x=-8$ を代入して，

$$y=-\frac{5}{4}\times(-8)=10$$

$y=10$ 解答

2 y は x に反比例します。次の場合について，指定された x のときの y の値を求めなさい。

(1) $x=2$ のとき $y=-6$，$x=-3$ のときの y の値

(2) $x=-4$ のとき $y=4$，$x=8$ のときの y の値

(3) $x=3$ のとき $y=6$，$x=-2$ のときの y の値

【解き方】

y は x に反比例するので，$y=\dfrac{a}{x}$（a は比例定数）と表せる。

(1) $x=2$ のとき $y=-6$ だから，

$$-6=\frac{a}{2}$$

$$a=-12$$

したがって，$y=-\dfrac{12}{x}$ となり，$x=-3$ を代入して，

$$y=-\frac{12}{-3}=4$$

$\boldsymbol{y=4}$ 解答

(2) $x=-4$ のとき $y=4$ だから，

$$4=\frac{a}{-4}$$

$$a=-16$$

したがって，$y=-\dfrac{16}{x}$ となり，$x=8$ を代入して，

$$y=-\frac{16}{8}=-2$$

$\boldsymbol{y=-2}$ 解答

(3) $x=3$ のとき $y=6$ だから，

$$6=\frac{a}{3}$$

$$a=18$$

したがって，$y=\dfrac{18}{x}$ となり，$x=-2$ を代入して，

$$y=\frac{18}{-2}=-9$$

$\boldsymbol{y=-9}$ 解答

6 1次関数

ここが出題される ▶ 具体的な座標を手がかりにして，直線の式を求めることは，この単元の基礎です。定数(a や b)が定まっていない直線の式に，座標を正しく代入しましょう。

POINT 1 ｜ 1つの定数と1つの座標

▶ **1次関数 $y=ax+b$ の定数(a と b)のグラフ上の意味**
- a…「傾き」，「変化の割合」
- b…「切片(グラフと y 軸との交点の y 座標)」

▶ **直線の式の求め方**
- 1つの定数(a または b)をあてはめた式に座標を代入して，方程式を解く。

例題 1

傾きが2で，$(4, -1)$ を通る直線の式を求めなさい。

解答・解説

傾きが 2 だから，求める直線の式を，$y=2x+b$ とする。

$(4, -1)$ の x 座標 4 を x に，y 座標 -1 を y に代入する。

$$-1 = 2 \times 4 + b$$

$$-1 = 8 + b \qquad b = -9$$

x と y をまちがえないように代入しよう。

したがって求める式は，$\boldsymbol{y = 2x - 9}$ 答

例題 2

変化の割合が-3で，$(-2, 4)$ を通る直線の式を求めなさい。

解答・解説

変化の割合が -3 だから，求める直線の式を，$y = -3x + b$ とする。

$(-2, 4)$ の x 座標 -2 を x に，y 座標 4 を y に代入する。

$$4 = -3 \times (-2) + b \qquad 4 = 6 + b \qquad b = -2$$

したがって求める式は，$\boldsymbol{y = -3x - 2}$ 答

例題3

切片が5で，（−3，−7）を通る直線の式を求めなさい。

解答・解説

切片が 5 だから，求める直線の式を，$y=ax+5$ とする。

（−3，−7）の x 座標 −3 を x に，y 座標 −7 を y に代入する。

$$-7 = a \times (-3) + 5$$
$$-7 = -3a + 5$$
$$a = 4$$

したがって求める式は，$\boldsymbol{y=4x+5}$ **答**

Ⓟ**OINT2**　　2つの座標

▶**直線の式の求め方**

・$y=ax+b$ に 2 つの座標をそれぞれ代入して，2 つの式を a と b の連立方程式として解く。

例題4

2点 (3，13)，（−2，−7）を通る直線の式を求めなさい。

解答・解説

求める直線の式を $y=ax+b$ とする。

(3，13) の x 座標 3 を x に，y 座標 13 を y に代入する。

$$13 = a \times 3 + b$$
$$13 = 3a + b \cdots ①$$

（−2，−7）の x 座標 −2 を x に，y 座標 −7 を y に代入する。

$$-7 = a \times (-2) + b$$
$$-7 = -2a + b \cdots ②$$

①，②を連立方程式として解くと，$a=4$，$b=1$

したがって求める式は，$\boldsymbol{y=4x+1}$ **答**

①−② より，
$20=5a$

解き方と解答 79〜80ページ

1　次の条件を満たす直線の式を求めなさい。

(1)　傾きが5で，(2，−2)を通る。

(2)　変化の割合が−2で，(4，−5)を通る。

(3)　傾きが $\frac{1}{2}$ で，(−6，−1)を通る。

2　次の条件を満たす直線の式を求めなさい。

(1)　切片が−7で，(−2，1)を通る。

(2)　切片が10で，(3，−8)を通る。

(3)　切片が2で，(5，17)を通る。

解き方と解答 81ページ

1　次の条件を満たす直線の式を求めなさい。

(1)　2点 (2，−6)，(−1，9) を通る。

(2)　2点 (−4，9)，(3，2) を通る。

A 解き方と解答

問題 78ページ

---

1 次の条件を満たす直線の式を求めなさい。

(1) 傾きが5で，(2，−2)を通る。

(2) 変化の割合が−2で，(4，−5)を通る。

(3) 傾きが$\frac{1}{2}$で，(−6，−1)を通る。

【解き方】

(1) 傾きが5だから，求める直線の式を $y=5x+b$ とする。

(2，−2)の x 座標2を x に，y 座標 −2を y に代入する。

$$-2=5\times 2+b$$
$$-2=10+b$$
$$b=-12$$

x と y をまちがえないように代入しよう。

したがって求める式は，$y=5x-12$

$$\boldsymbol{y=5x-12}$$ 解答

(2) 変化の割合が−2だから，求める直線の式を $y=-2x+b$ とする。

(4，−5)の x 座標4を x に，y 座標 −5を y に代入する。

$$-5=-2\times 4+b$$
$$-5=-8+b$$
$$b=3$$

したがって求める式は，$y=-2x+3$

$$\boldsymbol{y=-2x+3}$$ 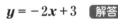 解答

(3) 傾きが$\frac{1}{2}$だから，求める直線の式を $y=\frac{1}{2}x+b$ とする。

(−6，−1)の x 座標 −6を x に，y 座標 −1を y に代入する。

$$-1=\frac{1}{2}\times(-6)+b$$
$$-1=-3+b$$
$$b=2$$

したがって求める式は，$y=\frac{1}{2}x+2$

$$\boldsymbol{y=\frac{1}{2}x+2}$$ 解答

2 次の条件を満たす直線の式を求めなさい。

(1) 切片が-7で，$(-2,\ 1)$を通る。

(2) 切片が10で，$(3,\ -8)$を通る。

(3) 切片が2で，$(5,\ 17)$を通る。

【解き方】

(1) 切片が$\underline{-7}$だから，求める直線の式を$y=ax\,\underline{-7}$とする。

$(\boxed{-2},\ \boxed{1})$のx座標$\boxed{-2}$を$\boxed{x}$に，y座標$\boxed{1}$を$\boxed{y}$に代入する。

$\boxed{1}=a\times\boxed{(-2)}\,\underline{-7}$

$1=-2a-7$

$a=-4$

したがって求める式は，$y=-4x\,\underline{-7}$　　　　$\boldsymbol{y=-4x-7}$ 解答

(2) 切片が$\underline{10}$だから，求める直線の式を$y=ax+\underline{10}$とする。

$(\boxed{3},\ \boxed{-8})$のx座標$\boxed{3}$を$\boxed{x}$に，y座標$\boxed{-8}$を$\boxed{y}$に代入する。

$\boxed{-8}=a\times\boxed{3}+\underline{10}$

$-8=3a+10$

$a=-6$

したがって求める式は，$y=-6x+\underline{10}$　　　　$\boldsymbol{y=-6x+10}$ 解答

(3) 切片が$\underline{2}$だから，求める直線の式を$y=ax+\underline{2}$とする。

$(\boxed{5},\ \boxed{17})$のx座標$\boxed{5}$を$\boxed{x}$に，y座標$\boxed{17}$を$\boxed{y}$に代入する。

$\boxed{17}=a\times\boxed{5}+\underline{2}$

$17=5a+2$

$a=3$

したがって求める式は，$y=3x+\underline{2}$　　　　$\boldsymbol{y=3x+2}$ 解答

B 解き方と解答

問題 78ページ

1 次の条件を満たす直線の式を求めなさい。

(1) 2点 $(2, -6)$，$(-1, 9)$ を通る。

(2) 2点 $(-4, 9)$，$(3, 2)$ を通る。

【解き方】

(1) 求める直線の式を $y = ax + b$ とする。

$(2, -6)$ の x 座標 2 を x に，y 座標 -6 を y に代入する。

$$-6 = a \times 2 + b$$
$$-6 = 2a + b \cdots ①$$

$(-1, 9)$ の x 座標 -1 を x に，y 座標 9 を y に代入する。

$$9 = a \times (-1) + b$$
$$9 = -a + b \cdots ②$$

①，②を連立方程式として解くと，$a = -5$，$b = 4$

したがって求める式は，$y = -5x + 4$

①−②より，
$-15 = 3a$

$$\boldsymbol{y = -5x + 4} \quad \boxed{\text{解答}}$$

(2) 求める直線の式を $y = ax + b$ とする。

$(-4, 9)$ の x 座標 -4 を x に，y 座標 9 を y に代入する。

$$9 = a \times (-4) + b$$
$$9 = -4a + b \cdots ①$$

$(3, 2)$ の x 座標 3 を x に，y 座標 2 を y に代入する。

$$2 = a \times 3 + b$$
$$2 = 3a + b \cdots ②$$

①，②を連立方程式として解くと，$a = -1$，$b = 5$

したがって求める式は，$y = -x + 5$

②−①より，
$-7 = 7a$

$$\boldsymbol{y = -x + 5} \quad \boxed{\text{解答}}$$

7 拡大図と縮図・対称な図形

ここが出題される
拡大図と縮図の問題と対称な図形の問題は，いずれも対応する頂点や辺，角の関係が重要です。方眼を利用して長さや角度を確認し，確実に解きましょう。

⊚OINT1　拡大図と縮図

▶**拡大図と縮図**

・もとの図形と同じ形で，拡大した図形が拡大図で，縮小した図形が縮図。

▶**同じ形の2つの図形の性質**

・対応する辺の長さの比がすべて等しい。

・対応する角の大きさがそれぞれ等しい。

📖 例題 1

右の図の四角形ABCDについて，次の問いに答えなさい。

(1)　四角形ABCDの$\frac{1}{2}$の縮図の四角形EFGHを，図にかき入れなさい。

(2)　四角形ABCDの，点Aを中心とした1.5倍の拡大図の四角形AIJKを，図にかき入れなさい。

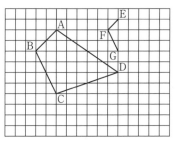

解答・解説

(1)　点Aから点Dは，右に6目もり，下に4目もりだから，$\frac{1}{2}$の長さになるように，点Eから右に3目もり，下に2目もりの位置に，点Hをかき入れる。同様に，点Gから点Hを確認し，辺EH，GHをかく。

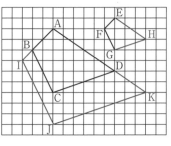

上図の四角形EFGH　答

(2) 点Aから点Bは，左に2目もり，下に2目もりだから，1.5倍の長さになるように，点Aから左に3目もり，下に3目もりの位置に，点Iをかき入れる。同様に点J，Kをかき入れ，線分BI，DKと辺IJ，JKをかく。　　　　　　　前ページの図の四角形AIJK　**答**

P○INT2　　　　　　対称な図形

▶線対称
・対称の軸は，対応する2点を結ぶ線分の垂直二等分線である。

▶点対称
・対称の中心は，対応する2点を結ぶ線分の中点である。

📖例題2

右の図の△ABC，直線PQ，点Oについて，次の問いに答えなさい。

(1) 直線PQを対称の軸として，△ABCと線対称である△DEFを，図にかき入れなさい。

(2) 点Oを対称の中心として，△ABCと点対称である△GHIを，図にかき入れなさい。

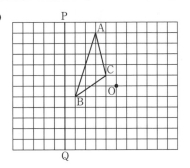

解答・解説

(1) 直線PQは，線分AD，BE，CFそれぞれの垂直二等分線である。3点A，B，Cから，それぞれ直線PQと等距離になるように，点D，E，Fをかき入れて，△DEFをかく。
　　　　　　　右図の△DEF　**答**

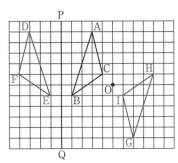

(2) 点Oは線分AG，BH，CIそれぞれの中点である。線分AOを延長して，AO＝GOである点Gをかき入れる。同様に，BO＝HO，CO＝IOである点H，Iをかき入れて，△GHIをかく。　　　　　　上図の△GHI　**答**

解き方と解答 85〜86ページ

1 右の図の四角形 ABCD について，次の問いに答えなさい。

(1) 四角形 ABCD の3倍の拡大図の四角形 EFGH を，図にかき入れなさい。

(2) 四角形 EFGH の，点 H を中心とした $\frac{2}{3}$ の縮図の四角形 IJKH を，図にかき入れなさい。

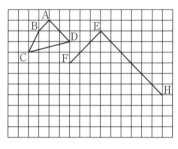

2 右の△DEF は△ABC の 1.5 倍の拡大図です。次の問いに答えなさい。

(1) 辺 DF と辺 EF の長さを，それぞれ求めなさい。

(2) 辺 AB の長さを求めなさい。

(3) ∠A = x，∠B = y とするとき，∠F の大きさを x と y の式で表しなさい。

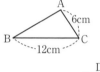

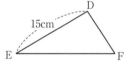

解き方と解答 87ページ

1 右の図の△ABC，直線 PQ，点 O について，次の問いに答えなさい。

(1) 直線 PQ を対称の軸として，△ABC と線対称である△DEF を，図にかき入れなさい。

(2) 点 O を対称の中心として，△DEF と点対称である△GHI を，図にかき入れなさい。

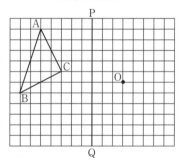

解き方と解答

問題 84ページ

1 右の図の四角形 ABCD について，次の問いに答えなさい。

(1) 四角形 ABCD の 3 倍の拡大図の四角形 EFGH を，図にかき入れなさい。

(2) 四角形 EFGH の，点 H を中心とした $\frac{2}{3}$ の縮図の四角形 IJKH を，図にかき入れなさい。

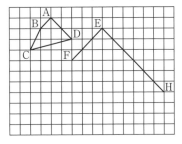

【解き方】

(1) 点 B から点 C は，左に 1 目もり，下に 2 目もりだから，3 倍の長さになるように，点 F から左に 3 目もり，下に 6 目もりの位置に点 G をかき入れる。同様に，点 H から点 G を確認し，辺 FG，GH をかく。

右図の四角形 EFGH 解答

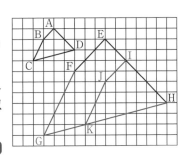

(2) 点 H から点 E は，左に 6 目もり，上に 6 目もりだから，$\frac{2}{3}$ の長さになるように，点 H から左に 4 目もり，上に 4 目もりの位置に点 I をかき入れる。同様に点 J，K をかき入れ，辺 IJ，JK をかく。

上図の四角形 IJKH 解答

方眼紙の目もりを数えて，辺の長さや傾きを調べよう。

2 右の△DEF は△ABC の 1.5 倍の拡大図
です。次の問いに答えなさい。

(1) 辺 DF と辺 EF の長さを，それぞれ
求めなさい。

(2) 辺 AB の長さを求めなさい。

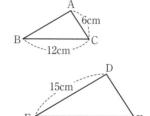

(3) ∠A＝x，∠B＝y とするとき，∠F の大きさを x と y の式で表し
なさい。

【解き方】

(1) 辺 DF, EF の長さは，それぞれ辺 AC, BC の長さの 1.5 倍だから，
DF＝6×1.5＝9（cm）
EF＝12×1.5＝18（cm）

辺 DF　9cm，辺 EF　18cm　<u>解答</u>

(2) 辺 DE の長さは辺 AB の長さの 1.5 倍だから，
AB＝15÷1.5＝10（cm）

10cm　<u>解答</u>

(3) 三角形の内角の和は 180°だから，
∠C＝180°－x－y
△ABC と△DEF の対応する角はそれぞれ等しいから，
∠F＝∠C＝180°－x－y

180°－x－y　<u>解答</u>

B 解き方と解答

問題 84ページ

1 右の図の△ABC，直線PQ，点Oについて，次の問いに答えなさい。

(1) 直線PQを対称の軸として，△ABCと線対称である△DEFを，図にかき入れなさい。

(2) 点Oを対称の中心として，△DEFと点対称である△GHIを，図にかき入れなさい。

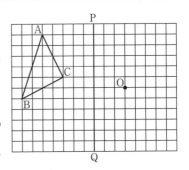

【解き方】

(1) 3点A，B，Cから，それぞれ直線PQと等距離になるように，点D，E，Fをかき入れて，△DEFをかく。

右図の△DEF 解答

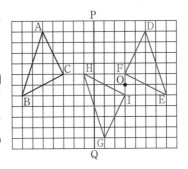

(2) 線分DOを延長して，DO＝GOである点Gをかき入れる。同様に，EO＝HO，FO＝IOである点H，Iをかき入れて，△GHIをかく。

上図の△GHI 解答

(2)は，FO＝IOである点Iをかき入れてから，方眼紙の目もりを左右と上下に数えて，点G，Hをかき入れる方法もあるよ。

ここが
出題される ▶ 平行線の同位角や錯角を利用して角度を求める問題や，多角形の角を求める問題が出題されます。図形の性質や角度の公式を覚えて，しっかり活用しましょう。

POINT**1** 　　　　　　**平行線と角**

2直線 ℓ ，m が平行ならば，同位角，錯角は等しい。

同位角 　　　$\ell /\!/ m$ ⇨ $\angle a = \angle b$

錯角 　　　$\ell /\!/ m$ ⇨ $\angle a = \angle b$

▶ **例題1**

右の図で，$\ell /\!/ m$ のとき，$\angle x$ の大きさを求めなさい。

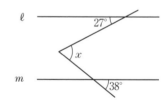

解答・解説

右の図のように，ℓ に平行な直線 BE を引くと，平行線の同位角と錯角は等しいので，

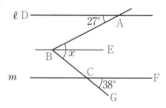

$$\angle x = \angle ABE + \angle GBE$$
$$= \angle DAB + \angle GCF$$
$$= 27° + 38°$$
$$= 65° \ 答$$

POINT2 　多角形の角

▶n角形の内角の和と外角の和

内角の和$=180°×(n-2)$　　　　外角の和$=360°$（常に）

▶正n角形の1つの内角の大きさと1つの外角の大きさ

$$1つの内角の大きさ=180°-\frac{360°}{n}　　　　1つの外角の大きさ=\frac{360°}{n}$$

例題**2**

次の問いに答えなさい。

(1)　六角形の内角の和を求めなさい。

(2)　七角形の外角の和を求めなさい。

(3)　正八角形の1つの内角の大きさを求めなさい。

(4)　正九角形の1つの外角の大きさを求めなさい。

解答・解説

(1)　$180°×(n-2)$に$n=6$を代入して，

$$180°×(6-2)=180°×4$$
$$=720°　答$$

(2)　外角の和はnに関係なく360度　答

(3)　$180°-\dfrac{360°}{n}$に$n=8$を代入して，

$$180°-\frac{360°}{8}=180°-45°$$
$$=135°　答$$

(4)　$\dfrac{360°}{n}$に$n=9$を代入して，

$$\frac{360°}{9}=40°　答$$

解き方と解答 92～93ページ

1 右の図で，$\ell /\!/ m$ のとき，$\angle x$ の大きさを求めなさい。

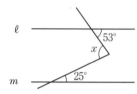

2 右の図で，$\ell /\!/ m$ のとき，$\angle x$ の大きさを求めなさい。

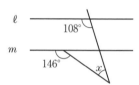

過去 **3** 十三角形の内角の和を求めなさい。

4 正十八角形の1つの内角の大きさを求めなさい。

5 正十角形の1つの外角の大きさを求めなさい。

B チャレンジ問題

得点

全5問

解き方と解答 94〜95ページ

1 右の図で，$\ell /\!/ m$ のとき，∠x の大きさを求めなさい。

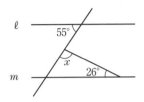

2 右の図で，△ABC は正三角形です。$\ell /\!/ m$ のとき，∠x の大きさを求めなさい。

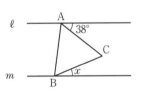

3 八角形の内角の和を求めなさい。

4 正二十角形の1つの内角の大きさを求めなさい。

5 正十二角形の1つの外角の大きさを求めなさい。

1 右の図で，ℓ∥m のとき，∠x の大きさを求めなさい。

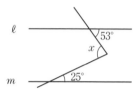

【解き方】

　右の図のように，ℓ に平行な直線 BE を引くと，平行線の錯角は等しいから，

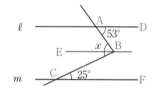

$$\angle x = \angle ABE + \angle CBE$$
$$= \angle DAB + \angle FCB$$
$$= 53° + 25°$$
$$= 78°$$

78度　**解答**

2 右の図で，ℓ∥m のとき，∠x の大きさを求めなさい。

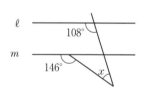

【解き方】

$$\angle CBD = 180° - 146° = 34°$$

平行線の同位角は等しいから，

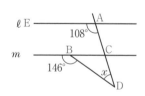

$$\angle x = 180° - (\angle BCD + \angle CBD)$$
$$= 180° - (\angle EAD + 34°)$$
$$= 180° - (108° + 34°)$$
$$= 180° - 142°$$
$$= 38°$$

38度

3 十三角形の内角の和を求めなさい。

【解き方】

$180° \times (n-2)$ に $n=13$ を代入して，

$$180° \times (13-2) = 180° \times 11$$
$$= 1980°$$

1980 度　**解答**

4 正十八角形の1つの内角の大きさを求めなさい。

【解き方】

$180° - \dfrac{360°}{n}$ に $n=18$ を代入して，

$$180° - \dfrac{360°}{18} = 180° - 20°$$
$$= 160°$$

160 度　**解答**

5 正十角形の1つの外角の大きさを求めなさい。

【解き方】

$\dfrac{360°}{n}$ に $n=10$ を代入して，

$$\dfrac{360°}{10} = 36°$$

36 度　**解答**

1 右の図で，$\ell /\!/ m$ のとき，$\angle x$ の大きさを求めなさい。

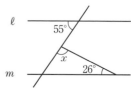

【解き方】

平行線の錯角は等しいから，

$$\angle x = 180° - \angle BCD - \angle BDC$$
$$= 180° - \angle EAC - \angle BDC$$
$$= 180° - 55° - 26°$$
$$= 99°$$

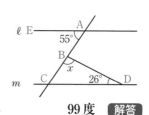

99度 解答

2 右の図で，△ABC は正三角形です。$\ell /\!/ m$ のとき，$\angle x$ の大きさを求めなさい。

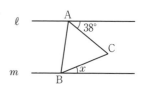

【解き方】

△ABC は正三角形だから，

$$\angle ACB = 60°$$

平行線の錯角は等しいから，

$$\angle x = \angle ECB$$
$$= 60° - \angle ECA$$
$$= 60° - \angle DAC$$
$$= 60° - 38°$$
$$= 22°$$

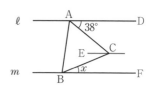

22度 解答

3 八角形の内角の和を求めなさい。

【解き方】

$180° \times (n-2)$ に $n=8$ を代入して，

$$180° \times (8-2) = 180° \times 6$$
$$= 1080°$$

1080 度 解答

4 正二十角形の 1 つの内角の大きさを求めなさい。

【解き方】

$180° - \dfrac{360°}{n}$ に $n=20$ を代入して，

$$180° - \frac{360°}{20} = 180° - 18°$$
$$= 162°$$

162 度 **解答**

5 正十二角形の 1 つの外角の大きさを求めなさい。

【解き方】

$\dfrac{360°}{n}$ に $n=12$ を代入して，

$$\frac{360°}{12} = 30°$$

30 度 解答

9 データの分布

ここが出題される
個別のデータから（分布の）範囲を求める問題や，度数分布表から階級の幅を求める問題などが出題される傾向があります。個別のデータと度数分布表の関連に注目しましょう。

POINT　　範囲と度数分布表

代表値についても復習しておこう。

▶（分布の）範囲と度数分布表

・（分布の）範囲をもとに階級の幅を決めて，度数分布表に整理する。

例題

次のデータについて，（分布の）範囲を求め，階級の幅が3のときと5のときの，度数分布表をそれぞれつくりなさい。

1, 3, 4, 6, 6, 8, 8, 8, 9, 10, 10, 11, 12, 12, 13

階級	度数
0 以上〜　　　未満	
合計	15

階級	度数
0 以上〜　　　未満	
合計	15

解答・解説

最大値が13で最小値が1だから，（分布の）範囲は，13−1＝12

階級の幅が3と5のときの度数分布表をそれぞれつくる。

階級	度数
0 以上〜　3 未満	1
3　〜　6	2
6　〜　9	5
9　〜　12	4
12　〜　15	3
合計	15

階級	度数
0 以上〜　5 未満	3
5　〜　10	6
10　〜　15	6
合計	15

（分布の）範囲　12, 度数分布表　上の表　答

A チャレンジ問題

得点

全**2**問

解き方と解答 98ページ

1 下のデータについて次の問いに答えなさい。

2, 3, 4, 6, 8, 9, 9, 9, 10, 11, 13, 14, 15, 15, 18

(1) （分布の）範囲と最頻値を求めなさい。

(2) 階級の幅が4のときと5のときの，度数分布表をそれぞれつくりなさい。

階級	度数
0 ^{以上}〜 ^{未満}	
合計	15

階級	度数
0 ^{以上}〜 ^{未満}	
合計	15

B チャレンジ問題

得点

全**2**問

解き方と解答 99ページ

1 下のデータについて次の問いに答えなさい。

1, 2, 4, 5, 7, 8, 10, 11, 12, 12, 13, 15, 16, 18, 20, 22

(1) （分布の）範囲と中央値を求めなさい。

(2) 階級の幅が4のときと6のときの，度数分布表をそれぞれつくりなさい。

階級	度数
0 ^{以上}〜 ^{未満}	
合計	16

階級	度数
0 ^{以上}〜 ^{未満}	
合計	16

1 下のデータについて次の問いに答えなさい。

2, 3, 4, 6, 8, 9, 9, 9, 10, 11, 13, 14, 15, 15, 18

(1) （分布の）範囲と最頻値を求めなさい。

(2) 階級の幅が4のときと5のときの，度数分布表をそれぞれつくりなさい。

階級	度数
0 ^{以上}〜 ^{未満}	
合計	15

階級	度数
0 ^{以上}〜 ^{未満}	
合計	15

【解き方】

(1) 最大値が18で最小値が2だから，（分布の）範囲は，

18 − 2 = 16

もっとも多く現れたデータの値は3回の9である。

（分布の）範囲 16，最頻値 9 解答

(2) 階級の幅が4と5のときの度数分布表をそれぞれつくる。

階級	度数
0 ^{以上}〜 4 ^{未満}	2
4 〜 8	2
8 〜 12	6
12 〜 16	4
16 〜 20	1
合計	15

階級	度数
0 ^{以上}〜 5 ^{未満}	3
5 〜 10	5
10 〜 15	4
15 〜 20	3
合計	15

上の表 解答

B 解き方と解答

問題 97ページ

1 下のデータについて次の問いに答えなさい。

1, 2, 4, 5, 7, 8, 10, 11, 12, 12, 13, 15, 16, 18, 20, 22

(1) （分布の）範囲と中央値を求めなさい。

(2) 階級の幅が 4 のときと 6 のときの，度数分布表をそれぞれつくりなさい。

階級	度数
0 ^{以上}〜 ^{未満}	
合計	16

階級	度数
0 ^{以上}〜 ^{未満}	
合計	16

【解き方】

(1) 最大値が 22 で最小値が 1 だから，（分布の）範囲は，

$$22 - 1 = 21$$

16 個のデータの 8 番目と 9 番目の値の平均は，

$$(11 + 12) \div 2 = 11.5 である。$$

（分布の）範囲 21，中央値 11.5 解答

(2) 階級の幅が 4 と 6 のときの度数分布表をそれぞれつくる。

階級	度数
0 ^{以上}〜 4 ^{未満}	2
4 〜 8	3
8 〜 12	3
12 〜 16	4
16 〜 20	2
20 〜 24	2
合計	16

階級	度数
0 ^{以上}〜 6 ^{未満}	4
6 〜 12	4
12 〜 18	5
18 〜 24	3
合計	16

上の表 解答

10 場合の数

ここが**出題**される 計算技能検定(1次)にも，簡単な場合の数の問題が出題されます。並べ方の樹形図，組み合わせ方の樹形図，コインの表裏の樹形図の違いを理解して，場合の数を求めましょう。

Ⓟ OINT　　3種類の樹形図

▶ **並べ方の樹形図**

　例　5人の班で，班長と副班長を決める場合を調べる

▶ **組み合わせ方の樹形図**

　例　5人の班で，2人の委員を決める場合を調べる

▶ **コインの表裏の樹形図**

　例　3枚のコインを投げたときの表と裏の出方の場合を調べる

例題

次の問題で考えられる場合は全部で何通りありますか。

(1)　A, B, C の3人の候補者から，体育委員と図書委員を1人ずつ選ぶ。

(2)　D, E, F, G の4人の候補者から，学習委員を2人選ぶ。

解答・解説

(1)　体育委員に A，図書委員に B を選ぶことと，体育委員に B，図書委員に A を選ぶことは違うから，並べ方の樹形図で考えると，右の図になる。　　6通り　答

体育 図書	体育 図書	体育 図書
A〈 B C	B〈 A C	C〈 A B

(2)　学習委員に D と E を選ぶことと，E と D を選ぶことは同じだから，同じものが重ならないように，組み合わせ方の樹形図で考えると，右の図になる。　6通り　答

D〈 E F G　　E〈 F G　　F — G

「並べ方の樹形図」と「組み合わせ方の樹形図」の違いを理解しよう。

100

A チャレンジ問題

解き方と解答 102ページ

1 次の問題で考えられる場合は全部で何通りありますか。

(1) 2枚のコインA, Bを同時に1回投げるときの, 表と裏の出方

(2) 1枚のコインを続けて3回投げるときの, 表と裏の出方

(3) AとBが1回じゃんけんをするときの, 2人の手の出し方

B チャレンジ問題

解き方と解答 103～104ページ

1 1, 2, 3, 4, 5の数が1つずつ書かれたカードが5枚あります。1枚目に選んだカードの数を十の位, 続けて2枚目に選んだカードの数を一の位の数として, 2けたの自然数にします。次の問いに答えなさい。

(1) 2けたの自然数は何個できますか。樹形図をかいて求めなさい。

(2) 奇数が何個できるか答えなさい。

(3) 3の倍数が何個できるか答えなさい。

2 AからFまでの6種類の果物のうち, 2種類を選びます。次の問いに答えなさい。

(1) 選び方は全部で何通りありますか。樹形図をかいて求めなさい。

(2) CまたはDを選ぶ選び方は何通りあるか答えなさい。

解き方と解答

問題 101ページ

---

1 次の問題で考えられる場合は全部で何通りありますか。

(1) 2枚のコイン A，B を同時に 1 回投げるときの，表と裏の出方

(2) 1 枚のコインを続けて 3 回投げるときの，表と裏の出方

(3) A と B が 1 回じゃんけんをするときの，2 人の手の出し方

【解き方】

「並べ方」の樹形図や「組み合わせ方」の樹形図では同じ結果が続くことはないが，コインの表裏や，じゃんけんで出す手は同じ結果が続くこともある。「コインの表裏」の樹形図では，(表，裏)と(裏，表)が異なる結果である点に注意する。

(1) 2枚のコイン A，B の表裏の出方の樹形図は下の図になる。

4 通り 解答

(2) 1 枚のコインを続けて 3 回投げるときの，表と裏の出方の樹形図は下の図になる。

1回 2回 3回　　1回 2回 3回

「コインの表裏」の樹形図を理解しよう。

8 通り 解答

(3) A と B が 1 回じゃんけんをするときの，2 人の手の出し方の樹形図は下の図になる。ただし，グー，チョキ，パーをそれぞれ，G，T，P で表す。

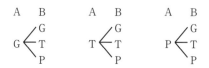

9 通り 解答

解き方と解答 　問題 101ページ

1 1，2，3，4，5の数が1つずつ書かれたカードが5枚あります。1枚目に選んだカードの数を十の位，続けて2枚目に選んだカードの数を一の位の数として，2けたの自然数にします。次の問いに答えなさい。

(1)　2けたの自然数は何個できますか。樹形図をかいて求めなさい。

(2)　奇数が何個できるか答えなさい。

(3)　3の倍数が何個できるか答えなさい。

【解き方】

(1)　カードを並べてできる2けたの自然数の樹形図は下の図になる。

20 個　解答

(2)　一の位の数が奇数になるから，上の樹形図で，13，15，21，23，25，31，35，41，43，45，51，53の12個ある。

12 個　解答

(3)　2けたの3の倍数は，十の位の数と一の位の数の和が3の倍数になるから，上の樹形図で，12，15，21，24，42，45，51，54の8個ある。

8 個　解答

2 A から F までの 6 種類の果物のうち，2 種類を選びます。次の問いに答えなさい。

(1) 選び方は全部で何通りありますか。樹形図をかいて求めなさい。

(2) C または D を選ぶ選び方は何通りあるか答えなさい。

【解き方】

(1) 6 種類の果物から 2 種類を選ぶ組み合わせ方の樹形図は下の図になる。

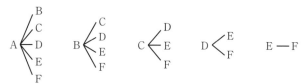

15 通り　**解答**

(2) A から F までの 6 種類の果物から 2 種類を選ぶとき，C または D を選ぶ組み合わせは，上の樹形図で，(A, C)，(A, D)，(B, C)，(B, D)，(C, D)，(C, E)，(C, F)，(D, E)，(D, F) の 9 通りある。

9 通り　**解答**

> 2 つを選ぶときの「並べ方」と「組み合わせ方」の違いを理解しよう。

第2章

数理技能検定(2次)対策

この章の内容

数理技能検定（2次）は応用力をみる検定です。
解答用紙に解答だけを記入する形式ですが，一部，記述式の問題
や作図が出題される場合もあります。

文字式

> **ここが出題される**　文字式を利用して，数についてのいろいろな性質を説明する問題が出題されます。与えられた条件を文字式で表し，説明できるようにしましょう。

POINT 1 ┃ 1つの文字で説明する

▶連続する数はそれぞれの数に関連があるから，1つの文字で式をつくる。
・連続する整数→n, $n+1$, $n+2$, $n+3$, …
・連続する偶数→$2n+2$, $2n+4$, $2n+6$, …
・連続する奇数→$2n+1$, $2n+3$, $2n+5$, …
・連続する3の倍数→$3n$, $3n+3$, $3n+6$, $3n+9$, …

● aの倍数であることの説明

計算結果が，$a \times$(整数)の形になるように変形します。

 例題1

　連続する3つの奇数の和は3の倍数であることを，n の式で説明しなさい。

解答・解説

　n を整数とすると，連続する3つの奇数は，$2n+1$, $2n+3$, $2n+5$ と表せる。このとき，連続する3つの奇数の和は，

　　$(2n+1)+(2n+3)+(2n+5)=6n+9=3(2n+3)$

$2n+3$ は整数だから，$3(2n+3)$ は3の倍数である。

よって，連続する3つの奇数の和は3の倍数である。　**答**

補足　連続する3つの奇数は，$2n-1$, $2n+1$, $2n+3$ と表すこともできる。このとき，連続する3つの奇数の和は，

　　$(2n-1)+(2n+1)+(2n+3)=6n+3=3(2n+1)$

$2n+1$ は整数だから，$3(2n+1)$ は3の倍数である。

P OINT 2　　複数の文字で説明する

▶関連のない数を式で表すときは，別の文字を使って式をつくる。

・「偶数と偶数の和」→ $2m$ と $2n$ → $2m+2n$

・「2けたの整数」→十の位の数 a と一の位の数 b → $10a+b$

例題 2

奇数と奇数の和は偶数であることを，m と n の式で説明しなさい。

【考え方】

2つの奇数の間には，「和や差が一定である」や「比が一定である」というような関連がないから，m, n のように，別の文字で式をつくる。

解答・解説

m, n を整数とすると，2つの奇数は，$2m+1$，$2n+1$ と表せる。

このとき，2つの奇数の和は，

$$(2m+1)+(2n+1)=2m+2n+2$$
$$=2(m+n+1)$$

$m+n+1$ は整数だから，$2(m+n+1)$ は偶数である。

よって，奇数と奇数の和は偶数である。

【説明の書き方】

①　説明に使う文字と式についての説明を書く。

②　結論「〜は…である」の主語に続けて，式を組み立てる。

③　計算で結論を導く。

④　改めて結論を示して，説明を終える。

補足　偶数や奇数，整数の倍数であることを説明するときは（　　）を利用して計算を終え，整数の式を示す。

解き方と解答 109ページ

1 連続する3つの偶数の和は真ん中の偶数の3倍になることを，nの式で説明しなさい。

2 3けたの整数があります。この数から，百の位の数と一の位の数を入れかえた数をひいた数は99の倍数になることを，a，b，cの式で説明しなさい。

B チャレンジ問題

得点

全**4**問

解き方と解答 110～111ページ

1 右のカレンダーのように，4つの日付が長方形の中に入るようにします。次の問いに答えなさい。

日	月	火	水	木	金	土
					1	2
3	4	5	6	7	8	9
10	11	12	13	14	15	16
17	18	19	20	21	22	23
24	25	26	27	28	29	30

(1) 左上の日付の数をnとするとき，この日から4日後の日付の数をnの式で表しなさい。

(2) (1)の式を利用して，4つの日付の数の和は左上の日付から4日後の日付の数の4倍であることを，nの式で説明しなさい。

2 例えば57のように，2けたの整数で十の位の数と一の位の数の和が3の倍数（$5+7=12=3\times4$）のとき，その2けたの整数は3の倍数（$57=3\times19$）です。次の問いに答えなさい。

(1) 十の位の数と一の位の数をそれぞれa，bとし，整数をnとするとき，a，b，nの関係を式で表しなさい。

(2) 2けたの整数で十の位の数と一の位の数の和が3の倍数のとき，その2けたの整数は3の倍数であることを，a，b，nの式で説明しなさい。

解き方と解答

問題 108ページ

1 連続する3つの偶数の和は真ん中の偶数の3倍になることを，n の式で説明しなさい。

【解き方】

　n を整数とすると，連続する3つの偶数は，$2n$，$2n+2$，$2n+4$ と表せる。このとき，連続する3つの偶数の和は，

$$2n + (2n+2) + (2n+4) = 6n+6$$
$$= 3(2n+2)$$

$2n+2$ は真ん中の偶数だから，$3(2n+2)$ は真ん中の偶数の3倍である。よって，連続する3つの偶数の和は真ん中の偶数の3倍になる。

解答

2 3けたの整数があります。この数から，百の位の数と一の位の数を入れかえた数をひいた数は99の倍数になることを，a，b，c の式で説明しなさい。

【解き方】

　3けたの整数の百の位の数，十の位の数，一の位の数を，それぞれ a，b，c とすると，この数は $100a+10b+c$，百の位の数と一の位の数を入れかえた数は $100c+10b+a$ と表せる。このとき，もとの数から，百の位の数と一の位の数を入れかえた数をひいた数は，

$$(100a+10b+c) - (100c+10b+a) = 100a+10b+c-100c-10b-a$$
$$= 99a-99c$$
$$= 99(a-c)$$

$a-c$ は整数だから，$99(a-c)$ は99の倍数である。

　よって，3けたの整数から，百の位の数と一の位の数を入れかえた数をひいた数は99の倍数になる。

解答

1 右のカレンダーのように，4つの日付が長方形の中に入るようにします。次の問いに答えなさい。

日	月	火	水	木	金	土
					1	2
3	4	5	6	7	8	9
10	11	12	13	14	15	16
17	18	19	20	21	22	23
24	25	26	27	28	29	30

(1) 左上の日付の数を n とするとき，この日から4日後の日付の数を n の式で表しなさい。

(2) (1)の式を利用して，4つの日付の数の和は左上の日付から4日後の日付の数の4倍であることを，n の式で説明しなさい。

【解き方】

(1) 左上の日付の数を n とすると，この日から4日後の日付の数は，$n+4$ と表せる。

$n+4$ 解答

(2) カレンダーの日付の数には，下の数が上の数より7大きく，右の数が左の数より1大きくなるという関連がある。

左上の日付の数を n とすると，4つの日付の数は小さい数から順に，n，$n+1$，$n+7$，$n+8$ と表せる。4つの日付の数の和は，
$$n + (n+1) + (n+7) + (n+8) = 4n + 16$$
$$= 4(n+4)$$

(1)より，4つの日付の数の和は左上の日付から4日後の日付の数の4倍である。

解答

条件を整理して，それぞれの数を式で表そう。

2 例えば57のように，2けたの整数で十の位の数と一の位の数の和が3の倍数（$5+7=12=3×4$）のとき，その2けたの整数は3の倍数（$57=3×19$）です。次の問いに答えなさい。

(1) 十の位の数と一の位の数をそれぞれ **a**，**b** とし，整数を **n** とするとき，**a**，**b**，**n** の関係を式で表しなさい。

(2) 2けたの整数で十の位の数と一の位の数の和が3の倍数のとき，その2けたの整数は3の倍数であることを，**a**，**b**，**n** の式で説明しなさい。

【解き方】

(1) 十の位の数と一の位の数の和が3の倍数だから，a, b, n の関係は，

$a+b=3n$

$$a+b=3n \quad \boxed{\text{解答}}$$

(2) 十の位の数と一の位の数をそれぞれ a, b とすると，2けたの整数は，$10a+b$ と表せる。

(1)をあてはめると，

$$10a+b=9a+a+b$$
$$=9a+3n$$
$$=3(3a+n)$$

$3a+n$ は整数だから，$3(3a+n)$ は3の倍数である。

よって，2けたの整数で十の位の数と一の位の数の和が3の倍数のとき，その2けたの整数は3の倍数である。 $\boxed{\text{解答}}$

補足 (1)より，$b=3n-a$ として，$10a+b$ に代入しても，

$$10a+b=10a+(3n-a)$$
$$=9a+3n$$
$$=3(3a+n)$$

と，同様の計算結果になる。

2 方程式

ここが出題される ▶ 1次方程式や連立方程式の文章題が出題されます。文章中にある数量関係に注目して解きましょう。いろいろなパターンの問題を，できるだけたくさん解きましょう。

POINT　数量の関係

▶**個数と代金の関係**

(代金) = (単価) × (個数)

例 1個50円のあめ x 個の代金は，

$$50 \times x = 50x（円）$$

▶**速さ・時間・道のりの関係**

・(速さ) = (道のり) ÷ (時間)

・(時間) = (道のり) ÷ (速さ)

・(道のり) = (速さ) × (時間)

▶**割合，比べられる量，もとにする量の関係式**

・割合 = 比べられる量 ÷ もとにする量

・比べられる量 = もとにする量 × 割合

・もとにする量 = 比べられる量 ÷ 割合

▶**食塩水の濃度の関係**

$$濃度（\%） = \frac{食塩の重さ}{食塩水の重さ} \times 100$$

📖 例題

はじめに兄と弟が持っていた金額の合計は6300円でした。兄が1500円，弟が1200円の本を買ったら，残りのお金は兄が弟の2倍になりました。はじめに兄が x 円，弟が y 円持っていたとして，次の問いに答えなさい。

(1) x，y を求めるための連立方程式をつくりなさい。

(2) 兄，弟がはじめに持っていた金額はそれぞれいくらですか。

解答・解説

(1)　兄と弟が持っていた金額の合計は6300円だから，

　　　（兄の所持金）＋（弟の所持金）＝6300

　つまり，

　　　$x + y = 6300$

　兄が1500円の本を買ったときの残金は，

　　　（ $x - 1500$ ）円

　弟が1200円の本を買ったときの残金は，

　　　（ $y - 1200$ ）円

（残金）
＝（最初の所持金）－（本代）

　残りのお金は兄が弟の2倍になったので，

　　　（兄の残金）＝2×（弟の残金）

　つまり，

　　　$x - 1500 = 2(y - 1200)$

　よって，求める連立方程式は，

$$\begin{cases} x + y = 6300 & \cdots ① \\ x - 1500 = 2(y - 1200) & \cdots ② \end{cases}$$

(2)　②を整理すると，

　　　$x - 1500 = 2y - 2400$

　　　$x - 2y = -900$ 　…②′

　①－②′より，xを消去して，← xの係数がそろっているので，
そのまま加減法で解く。

$$\begin{array}{r} x + y = 6300 \\ -)\ x - 2y = -900 \\ \hline 3y = 7200 \\ y = 2400 \end{array}$$

　$y = 2400$を①に代入して，

　　　$x + 2400 = 6300$

　　　$x = 3900$

　これらの解は問題に合っているので，

　兄がはじめに持っていた金額　3900円

　弟がはじめに持っていた金額　2400円

x，y の値を求めて終わり
ではなく，最後に必ず答え
を書きましょう。

解き方と解答 116〜119ページ

1 　兄は4300円，弟は2100円持っていて，2人とも同じ文房具セットを買ったところ，残りのお金は兄が弟の3倍になりました。文房具セットの代金を x 円として，次の問いに答えなさい。

(1) 　x を求めるための方程式をつくりなさい。

(2) 　文房具セットの代金はいくらですか。

過去 **2** 　ますおさんのお父さんは，魚屋で1枚180円の天日干しアジの開きと，1枚120円のサンマの開きを合わせて12枚買って，代金として1740円払いました。次の問いに答えなさい。

(1) 　天日干しアジの開きを x 枚，サンマの開きを y 枚買ったとして，上の関係を連立方程式で表しなさい。

(2) 　天日干しアジの開きとサンマの開きの枚数をそれぞれ求めなさい。

3 　みかさんはある物語の本を読んでいます。1日目には全体のページ数の $\frac{1}{4}$ を読みました。2日目には残りのページ数の $\frac{1}{3}$ を読みました。この本のまだ読んでいないページ数は160ページです。全体のページ数を x ページとして，次の問いに答えなさい。

(1) 　x を求めるための方程式をつくりなさい。

(2) 　全体のページ数を求めなさい。

4 　まさるさんは，A地からB地を通ってC地へ行くのに，A地からB地までは毎分80mの速さで歩き，B地からC地までは毎分120mの速さで歩いたところ20分かかりました。A地からC地までの道のりが1800mのとき，次の問いに答えなさい。

(1) 　A地からB地までの時間を x 分，B地からC地までの時間を y 分として，x，y を求めるための連立方程式をつくりなさい。

(2) 　A地からB地，B地からC地までかかった時間はそれぞれ何分ですか。

B チャレンジ問題

解き方と解答 120〜123ページ

1 だいきさんは同じ値段のノートを12冊買おうと思いましたが，お金が220円足りませんでした。そこで，そのノートを10冊買ったら100円余りました。このとき，次の問いに答えなさい。

(1) ノート1冊の値段を x 円として， x を求めるための方程式をつくりなさい。

(2) ノート1冊の値段はいくらですか。

過去 **2** かずひろさんは家から貸し自転車(レンタサイクル)屋まで時速6kmで歩いていき，そこから自転車に乗って湖まで時速15kmで行きました。家から湖まで42kmの道のりを行くのに4時間かかりました。家から貸し自転車屋までの道のりを x km，貸し自転車屋から湖までの道のりを y kmとして，次の問いに答えなさい。

(1) 道のりについての方程式をつくりなさい。

(2) かかった時間についての方程式をつくりなさい。

(3) 家から貸し自転車屋までの道のりと貸し自転車屋から湖までの道のりを求め，単位をつけて答えなさい。

3 ある中学校の3年生の生徒数は184人で，これは2年生の生徒数全体より15%多い数です。2年生の生徒数を x 人として，次の問いに答えなさい。

(1) x を求めるための方程式をつくりなさい。

(2) 2年生の生徒数は何人ですか。

4 10%の食塩水と4%の食塩水を混ぜて，8%の食塩水を600gつくります。このとき，次の問いに答えなさい。

(1) 10%の食塩水 x gと4%の食塩水 y gを混ぜるとして， x ， y を求めるための連立方程式をつくりなさい。

(2) 10%の食塩水，4%の食塩水をそれぞれ何g混ぜればよいですか。

1 兄は4300円，弟は2100円持っていて，2人とも同じ文房具セットを買ったところ，残りのお金は兄が弟の3倍になりました。文房具セットの代金を x 円として，次の問いに答えなさい。

(1) x を求めるための方程式をつくりなさい。

(2) 文房具セットの代金はいくらですか。

【解き方】

(1) 兄が文房具セットを買ったときの残金は，

$(4300-x)$ 円

弟が文房具セットを買ったときの残金は，

$(2100-x)$ 円

> （残金）＝（最初の所持金）－
> 　　　　（文房具セット代）

残りのお金は兄が弟の3倍になったので，

（兄の残金）＝3×（弟の残金）

つまり，

$4300-x=3(2100-x)$

$$4300-x=3(2100-x) \quad \boxed{\text{解答}}$$

(2) (1)より，

$4300-x=3(2100-x)$

$4300-x=\boxed{6300-3x}$

　　　　　　└── $3\times2100+3\times(-x)$

$2x=2000$

$x=1000$

この解は問題に合う。

> 文字の項を左辺へ，
> 数の項を右辺へ移項
> するんでしたね。

$$1000円 \quad \boxed{\text{解答}}$$

2 ますおさんのお父さんは，魚屋で1枚180円の天日干しアジの開きと，1枚120円のサンマの開きを合わせて12枚買って，代金として1740円払いました。次の問いに答えなさい。

(1) 天日干しアジの開きを x 枚，サンマの開きを y 枚買ったとして，上の関係を連立方程式で表しなさい。

(2) 天日干しアジの開きとサンマの開きの枚数をそれぞれ求めなさい。

【解き方】

(1) アジの開きとサンマの開きを合わせて12枚買ったので，

$x+y=12$ …①

代金についての方程式をつくると，

$$\underset{\text{アジの代金}}{\underline{180x}} + \underset{\text{サンマの代金}}{\underline{120y}} = 1740 \quad \text{…②}$$

 確認！
代金は，（単価）×（個数）で求める。

よって，求める連立方程式は，

$$\begin{cases} x+y=12 \\ 180x+120y=1740 \end{cases}$$

$$\begin{cases} x+y=12 \\ 180x+120y=1740 \end{cases} \quad \boxed{\text{解答}}$$

(2) (1)より，①×18−②÷10

$$\begin{array}{r} \boxed{18x}+18y=216 \\ -)\ \boxed{18x}+12y=174 \\ \hline 6y=42 \\ y=7 \end{array}$$

x の係数の絶対値をそろえて，x を消去する。

両辺を6でわる。

$y=7$ を①に代入して，

$x+7=12$

$x=5$

これらの解は問題に合う。

アジの開き	5枚	
サンマの開き	7枚	$\boxed{\text{解答}}$

3 みかさんはある物語の本を読んでいます。1日目には全体のページ数の $\frac{1}{4}$ を読みました。2日目には残りのページ数の $\frac{1}{3}$ を読みました。この本のまだ読んでいないページ数は160ページです。全体のページ数を x ページとして、次の問いに答えなさい。

(1) x を求めるための方程式をつくりなさい。

(2) 全体のページ数を求めなさい。

【解き方】

(1) 1日目に読んだページ数は、

$$x \times \frac{1}{4} = \frac{1}{4}x \text{（ページ）}$$

2日目に読んだページ数は、

$$\left(x - \frac{1}{4}x \right) \times \frac{1}{3} = \frac{3}{4}x \times \frac{1}{3} \quad \leftarrow \begin{array}{l} \text{（残りのページ数）} \\ = \text{（全体のページ数）} - \text{（1日目のページ数）} \end{array}$$

残りのページ数

$$= \frac{1}{4}x \text{（ページ）}$$

まだ160ページ残っているので、

（全体のページ数）＝（1日目のページ数）＋（2日目のページ数）＋160

よって、

$$x = \frac{1}{4}x + \frac{1}{4}x + 160$$

$$\boldsymbol{x = \frac{1}{4}x + \frac{1}{4}x + 160} \quad \boxed{\text{解答}}$$

(2) (1)より、

$$x = \frac{1}{4}x + \frac{1}{4}x + 160 \quad \rbrace \text{両辺に4をかけて分母をはらう。}$$

$$4x = x + x + 640 \quad \rbrace \text{移項する。}$$

$$2x = 640 \quad \rbrace \text{両辺を2でわる。}$$

$$x = 320$$

この解は問題に合う。

320ページ $\boxed{\text{解答}}$

4 まさるさんは，A地からB地を通ってC地へ行くのに，A地からB地までは毎分80mの速さで歩き，B地からC地までは毎分120mの速さで歩いたところ20分かかりました。A地からC地までの道のりが1800mのとき，次の問いに答えなさい。

(1) A地からB地までの時間を x 分，B地からC地までの時間を y 分として，x，y を求めるための連立方程式をつくりなさい。

(2) A地からB地，B地からC地までかかった時間はそれぞれ何分ですか。

【解き方】

(1) かかった時間についての方程式をつくると，

$x + y = 20$ ……①

A地からB地までの道のりは，（道のり）＝（速さ）×（時間）より，

$80 \times x = 80x\,(\text{m})$

B地からC地までの道のりは，

$120 \times y = 120y\,(\text{m})$

A地からC地までの道のりが1800mだから，

$80x + 120y = 1800$ ……②

> 道のり，速さ，時間の関係をしっかり覚えておきましょう。

よって，求める連立方程式は，

$$\begin{cases} x + y = 20 \\ 80x + 120y = 1800 \end{cases}$$

$$\begin{cases} x + y = 20 \\ 80x + 120y = 1800 \end{cases}$$

(2) (1)より，①×12－②÷10

$$\begin{array}{r} 12x + 12y = 240 \\ -)\ \ 8x + 12y = 180 \\ \hline 4x\qquad\ \ = 60 \\ x\qquad\ \ = 15 \end{array}$$

> y の係数の絶対値をそろえて，y を消去する。

> 両辺を4でわる。

$x = 15$ を①に代入して，$15 + y = 20$

$y = 5$

これらの解は問題に合う。

A地からB地まで　15分，B地からC地まで　5分 解答

1 だいきさんは同じ値段のノートを12冊買おうと思いましたが，お金が220円足りませんでした。そこで，そのノートを10冊買ったら100円余りました。このとき，次の問いに答えなさい。

(1) ノート1冊の値段を x 円として，x を求めるための方程式をつくりなさい。

(2) ノート1冊の値段はいくらですか。

【解き方】

(1) ノート12冊では220円足りないので，だいきさんの所持金は，

$(12x - 220)$円　…①

ノート10冊では100円余ったので，だいきさんの所持金は，

$(10x + 100)$円　…②

①，②は等しいので，求める方程式は，

$12x - 220 = 10x + 100$

$$12x - 220 = 10x + 100 \quad \boxed{解答}$$

(2) (1)より，

$$12x - 220 = 10x + 100$$
$$2x = 320$$
$$x = 160$$

この解は問題に合う。

所持金についての方程式をきちんとつくれるかが，カギですね。

160円　 解答

2 かずひろさんは家から貸し自転車（レンタサイクル）屋まで時速6km で歩いていき，そこから自転車に乗って湖まで時速15kmで行きました。家から湖まで42kmの道のりを行くのに4時間かかりました。家から貸し自転車屋までの道のりを x km，貸し自転車屋から湖までの道のりを y kmとして，次の問いに答えなさい。

(1)　道のりについての方程式をつくりなさい。

(2)　かかった時間についての方程式をつくりなさい。

(3)　家から貸し自転車屋までの道のりと貸し自転車屋から湖までの道のりを求め，単位をつけて答えなさい。

【解き方】

(1)　（家～貸し自転車屋の道のり）＋（貸し自転車屋～湖の道のり）＝42km だから，

$$x + y = 42 \quad \cdots ①$$

$x + y = 42$ 　**解答**

(2)　家から貸し自転車屋までの時間は，

$$x \div 6 = \frac{x}{6}（時間）$$

貸し自転車屋から湖までの時間は，

$$y \div 15 = \frac{y}{15}（時間）$$

──（時間）＝（道のり）÷（速さ）

合わせて4時間かかったので，

$$\frac{x}{6} + \frac{y}{15} = 4 \quad \cdots ②$$

$\dfrac{x}{6} + \dfrac{y}{15} = 4$ 　**解答**

(3)　(1)，(2)より，②×30－①×2

$$
\begin{array}{r}
5x + 2y = 120 \\
-\,)\ 2x + 2y = 84 \\
\hline
3x \quad\ = 36 \\
x \quad\ = 12
\end{array}
$$

分数係数を含む方程式は，両辺に分母の最小公倍数をかけて，分母をはらう。

$x = 12$ を①に代入して，

$$12 + y = 42 \qquad y = 30$$

これらの解は問題に合う。

家から貸し自転車屋まで　12km

貸し自転車屋から湖まで　30km

解答

3 ある中学校の3年生の生徒数は184人で，これは2年生の生徒数全体より15%多い数です。2年生の生徒数を x 人として，次の問いに答えなさい。

(1)　x を求めるための方程式をつくりなさい。

(2)　2年生の生徒数は何人ですか。

【解き方】

(1)　2年生の生徒数全体より15%多い数は，

$$x \times \left(1 + \frac{15}{100}\right) = \frac{115}{100}x（人）$$

3年生の生徒数は184人なので，求める方程式は，

$$\frac{115}{100}x = 184$$

$$\frac{115}{100}x = 184 \quad \boxed{解答}$$

(2)　(1)より，

$$\frac{115}{100}x = 184$$
$$115x = 18400$$
$$x = 160$$

両辺に100をかけて分母をはらう。

両辺を115でわる。

この解は問題に合う。

百分率を使った問題は，けた数が大きくなるので，計算ミスに気をつけましょう。

160人　$\boxed{解答}$

これだけは覚えておこう

〈数の増減〉

・x より a %多い数　　⇒　$x \times \left(1 + \dfrac{a}{100}\right)$

・x より a %少ない数　⇒　$x \times \left(1 - \dfrac{a}{100}\right)$

4 10％の食塩水と4％の食塩水を混ぜて，8％の食塩水を600gつくります。このとき，次の問いに答えなさい。

(1) 10％の食塩水 x gと4％の食塩水 y gを混ぜるとして，x，y を求めるための連立方程式をつくりなさい。

(2) 10％の食塩水，4％の食塩水をそれぞれ何g混ぜればよいですか。

【解き方】

(1) まず，食塩水の重さは合計で600gなので，

$x + y = 600$ …①

（食塩の重さ）＝（食塩水の重さ）$\times \dfrac{濃度（\%）}{100}$ より，

$x \times \dfrac{10}{100} + y \times \dfrac{4}{100} = 600 \times \dfrac{8}{100}$ ← 食塩の重さに関する式

10％の食塩水　　4％の食塩水中
中の食塩の重さ　の食塩の重さ

$\dfrac{10}{100}x + \dfrac{4}{100}y = 48$ …②

よって，求める連立方程式は，

$$\begin{cases} x + y = 600 \\ \dfrac{10}{100}x + \dfrac{4}{100}y = 48 \end{cases}$$

$$\begin{cases} x + y = 600 \\ \dfrac{10}{100}x + \dfrac{4}{100}y = 48 \end{cases} \boxed{解答}$$

(2) (1)より，①×10 − ②×100

$$\begin{array}{r} 10x + 10y = 6000 \\ -)\ 10x + 4y = 4800 \\ \hline 6y = 1200 \\ y = 200 \end{array}$$

$y = 200$ を①に代入して，

$x + 200 = 600$

$x = 400$

これらの解は問題に合う。

濃度の問題は，食塩に関する式と食塩水に関する式をつくるのが基本ですよ。

10％の食塩水　　400g
4％の食塩水　　200g

3 関　数

ここが
出題される 関数の問題では，三角形の面積を2等分する直線の式，図形の周上を動く点と面積に関する応用問題が出題されます。1次関数や比例・反比例の基本性質をおさえましょう。

Ⓟ OINT　　関数の基本性質

▶**比例**

変数 x, y に関して，x の値が2倍，3倍，…になるにつれ，y の値も2倍，3倍，…になる関係を**比例**という。y が x に比例するとき，その関係は $y = ax$ で表される。

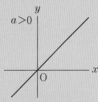

▶**反比例**

変数 x, y に関して，x の値が2倍，3倍，…になるにつれ，y の値が $\dfrac{1}{2}$ 倍，$\dfrac{1}{3}$ 倍，…になる(その逆も同じ)関係を**反比例**という。

y が x に反比例するとき，その関係は $y = \dfrac{a}{x}$ で表される。

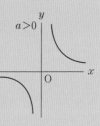

▶**1次関数**

y が x の1次式 $y = ax + b$ の形で表される関数。**変化の割合**$\left(\dfrac{y \text{ の増加量}}{x \text{ の増加量}} \right)$ は一定で，a に等しくなる。

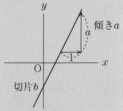

▶**中点の座標**

2点A(x_1, y_1), B(x_2, y_2) 例
の中点Pの座標は，

$$P\left(\frac{x_1 + x_2}{2}, \frac{y_1 + y_2}{2} \right)$$

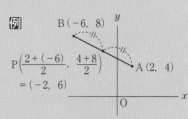

$P\left(\dfrac{2 + (-6)}{2}, \dfrac{4 + 8}{2} \right)$
$= (-2, 6)$

例題

右の図のように，2つの直線①，②があり，直線①の式は $y = x + 4$ です。直線①と②の交点をAとし，直線①，②と x 軸との交点をそれぞれB，Cとします。点Aの x 座標が2，点Cの x 座標が5のとき，次の問いに答えなさい。

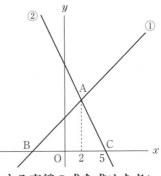

(1) 点Aの座標を求めなさい。

(2) 点Aを通り，△ABCの面積を2等分する直線の式を求めなさい。

解答・解説

(1) 点Aは直線①上の点なので，$y = x + 4$ に $x = 2$ を代入して，

$y = 2 + 4 = 6$ よって，A$(2, 6)$ **答**

(2) 点Aを通り，△ABCの面積を2等分する直線は，下の図のように，線分BCの中点Pを通る。

点Bの x 座標は①の式に $y = 0$ を代入して，

$0 = x + 4$ $x = -4$

よって，B$(-4, 0)$

中点Pの座標は，

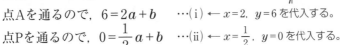

$$\left(\frac{-4 + 5}{2}, \frac{0 + 0}{2} \right) = \left(\frac{1}{2}, 0 \right)$$

直線APの式を $y = ax + b$ とすると，

点Aを通るので，$6 = 2a + b$ …(i) ← $x = 2$，$y = 6$ を代入する。

点Pを通るので，$0 = \frac{1}{2}a + b$ …(ii) ← $x = \frac{1}{2}$，$y = 0$ を代入する。

(i)，(ii)を a，b の連立方程式として解くと，

$a = 4$，$b = -2$

したがって，求める直線の式は，

$y = 4x - 2$ **答**

中点の座標の求め方をしっかりマスターしましょう。

1 毎分2Lの割合で水を入れると，24分間でいっぱいになる水そうがあります。この水そうに，毎分xLずつ水を入れるとき，いっぱいになるまでにかかる時間をy分として，次の問いに答えなさい。

(1) この水そうの容積を求めなさい。

(2) yをxの式で表しなさい。

(3) 水を入れ始めてから6分間でいっぱいになるようにするには，毎分何Lの割合で水を入れたらよいですか。

過去 **2** ゆうじさんは，A市を出発して12km離れたB市まで歩いていきました。右のグラフは，A市を出発してからx時間後のゆうじさんが歩いた道のりを$y$kmとして，xとyの関係を表したものです。次の問いに答えなさい。

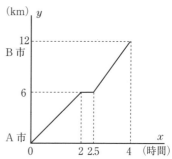

(1) ゆうじさんはA市を出発してから2時間後に30分の休けいをとっています。休けい前のゆうじさんの歩いた速さは時速何kmですか。単位をつけて答えなさい。

(2) $2.5 \leqq x \leqq 4$のとき，yをxの式で表しなさい。

3 右の図のように，2つの直線①，②があり，直線①の式は$y = -2x + 8$です。直線①と②との交点をAとし，直線①，②とx軸との交点をそれぞれB，Cとします。点Aのx座標が2，点Cのx座標が-6のとき，次の問いに答えなさい。

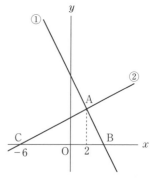

(1) 点Aの座標を求めなさい。

(2) 直線②の式を求めなさい。

(3) 点Aを通り，△ACBの面積を2等分する直線の式を求めなさい。

B チャレンジ問題

解き方と解答 132〜135ページ

1 　右の図のように，直線 $y = \dfrac{3}{2}x$ と双曲線 $y = \dfrac{a}{x}$ が点Aで交わっています。点Aの x 座標が2のとき，次の問いに答えなさい。

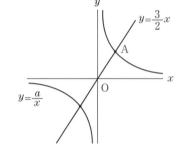

(1)　点Aの座標を求めなさい。

(2)　a の値を求めなさい。

2 　右の図は，縦12cm，横16cmの長方形ABCDで，点Pは頂点Aを出発して辺AB，BC，CD上を頂点Dまで移動します。点Pが頂点Aを出発してから動いた長さを x cmとしたとき，△APDの面積を y cm²とします。次の問いに答えなさい。

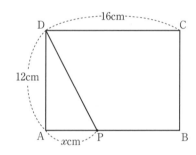

(1)　点Pが辺AB上を動くとき，y を x の式で表しなさい。

(2)　点Pが辺BC上にあるとき，△APDの面積は何cm²ですか。

(3)　△APDの面積が84cm²になるとき，点Pは頂点Aから何cm動いたところにありますか。

過去 **3** 　右の図の平行四辺形OABCで，A(6, 8)，C(7, 0)のとき，次の問いに答えなさい。

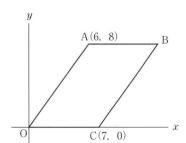

(1)　点Bの座標を求めなさい。

(2)　点Aを通り，△AOCの面積を2等分する直線の式を求めなさい。

1 毎分2Lの割合で水を入れると，24分間でいっぱいになる水そうがあります。この水そうに，毎分xLずつ水を入れるとき，いっぱいになるまでにかかる時間をy分として，次の問いに答えなさい。

(1) この水そうの容積を求めなさい。

(2) yをxの式で表しなさい。

(3) 水を入れ始めてから6分間でいっぱいになるようにするには，毎分何Lの割合で水を入れたらよいですか。

【解き方】

(1) 1分間に2Lの割合で水を入れると24分間でいっぱいになるので，

$$2 \times 24 = 48 \,(\text{L})$$

48L **解答**

(2) 毎分①Lずつ水を入れるとき，48L入れるのにかかる時間は，

$$48 \div ① = 48(分)$$

毎分②Lずつ水を入れるとき，48L入れるのにかかる時間は，

$$48 \div ② = 24(分)$$

毎分xLずつ水を入れるとき，48L入れるのにかかる時間y分は，

$$y = 48 \div x$$

$$= \frac{48}{x} \leftarrow 反比例の関係$$

1分間に入れる水の量を2倍にすると，かかる時間は$\frac{1}{2}$になるんですね。

$y = \dfrac{48}{x}$ **解答**

(3) (2)の式に，$y = 6$を代入して，

$$6 = \frac{48}{x}$$

$$x = 8$$

毎分8L **解答**

解法のツボ

反比例$y = \dfrac{a}{x}$の場合，xとyの値の積xyがaに等しくなることを利用して，$x \times 6 = 48$としてもよい。

2 ゆうじさんは，A市を出発して12km離れたB市まで歩いていきました。右のグラフは，A市を出発してからx時間後のゆうじさんが歩いた道のりを$y$kmとして，xとyの関係を表したものです。次の問いに答えなさい。

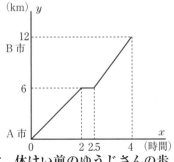

(1) ゆうじさんはA市を出発してから2時間後に30分の休けいをとっています。休けい前のゆうじさんの歩いた速さは時速何kmですか。単位をつけて答えなさい。

(2) $2.5 \leqq x \leqq 4$のとき，yをxの式で表しなさい。

【解き方】

(1) 2時間で6km進んでいるから，

（速さ）＝（道のり）÷（時間）より，

$$6 \div 2 = 3 (\text{km/時})$$

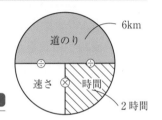

時速3km 〔解答〕

(2) 右の図の直線PQの式を求めればよい。

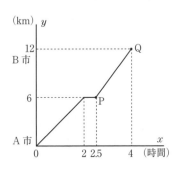

直線の式を$y = ax + b$とする。

点P(2.5, 6)を通るので，

$$6 = 2.5a + b \quad \cdots ①$$

← $x = 2.5$，$y = 6$を代入する。

点Q(4, 12)を通るので，

$$12 = 4a + b \quad \cdots ②$$

← $x = 4$，$y = 12$を代入する。

①−②より，bを消去すると，

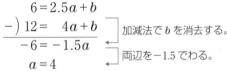

|加減法でbを消去する。

|両辺を-1.5でわる。

$a = 4$を②に代入して，

$$12 = 4 \times 4 + b$$

$$b = -4$$

↩ **確認！**

2点を通る直線の式の求め方は，$y = ax + b$に2点の座標の値をそれぞれ代入し，連立方程式で解く。

よって，$2.5 \leqq x \leqq 4$ のとき，y を x の式で表すと，

$$y = 4x - 4$$

$$\underline{y = 4x - 4} \quad \boxed{解答}$$

🔄 確認！

$2.5 \leqq x \leqq 4$ のように，x のとりうる値の範囲を，x の**変域**という。

3 右の図のように，2つの直線①，②があり，直線①の式は $y = -2x + 8$ です。直線①と②との交点をAとし，直線①，②と x 軸との交点をそれぞれB，Cとします。点Aの x 座標が2，点Cの x 座標が -6 のとき，次の問いに答えなさい。

(1) 点Aの座標を求めなさい。

(2) 直線②の式を求めなさい。

(3) 点Aを通り，△ACBの面積を2等分する直線の式を求めなさい。

【解き方】

(1) 点Aは直線①上の点なので，$x = 2$ を代入して，

$$y = -2 \times 2 + 8$$
$$= 4$$

よって，A(2, 4)

$$(2, 4) \quad \boxed{解答}$$

傾き < 0 の直線は右下がりのグラフになるんですね。

(2) 直線②の式を $y = ax + b$ とする。

点A(2, 4)を通るので，

$$4 = 2a + b \quad \cdots(\text{i}) \quad \leftarrow x = 2, \ y = 4 \text{ を代入する。}$$

点C(-6, 0)を通るので，

$$0 = -6a + b \quad \cdots(\text{ii}) \quad \leftarrow x = -6, \ y = 0 \text{ を代入する。}$$

(i)$-$(ii)より，b を消去すると，

$$\begin{array}{r} 4 = 2a + b \\ -)\ 0 = -6a + b \\ \hline 4 = 8a \\ a = \dfrac{1}{2} \end{array}$$

加減法で b を消去する。

両辺を8でわる。

$a = \dfrac{1}{2}$ を(i)に代入して，

$$4 = 2 \times \dfrac{1}{2} + b$$

$$b = 3$$

よって，求める直線の式は，

$$y = \dfrac{1}{2}x + 3$$

$\boldsymbol{y = \dfrac{1}{2}\boldsymbol{x} + 3}$ 解答

(3) 点Aを通り，△ACBの面積を2
等分する直線は，右の図のように，
線分BCの中点Pを通る。

点Bの x 座標は①の式に $y = 0$ を代
入して，

$$0 = -2x + 8$$

$$x = 4$$

よって，B$(4, 0)$

中点Pの座標は，

$$\left(\dfrac{-6+4}{2}, \ \dfrac{0+0}{2} \right) = (-1, \ 0)$$

直線APの式を $y = mx + n$ とすると，

点A$(2, 4)$を通るので，

$$4 = 2m + n \quad \cdots\text{(iii)} \quad \leftarrow x=2, \ y=4 \text{を代入する。}$$

点P$(-1, 0)$を通るので，

$$0 = -m + n \quad \cdots\text{(iv)} \quad \leftarrow x=-1, \ y=0 \text{を代入する。}$$

(iii), (iv)を m，n の連立方程式として解くと，

$$m = \dfrac{4}{3}, \ n = \dfrac{4}{3}$$

よって，求める直線の式は，

$$y = \dfrac{4}{3}x + \dfrac{4}{3}$$

$y = mx + n$ に $m = \dfrac{4}{3}$，$n = \dfrac{4}{3}$
を代入する。

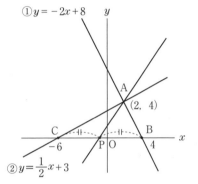

①$y = -2x + 8$

②$y = \dfrac{1}{2}x + 3$

$\boldsymbol{y = \dfrac{4}{3}\boldsymbol{x} + \dfrac{4}{3}}$ 解答

1 右の図のように，直線 $y = \dfrac{3}{2}x$ と双曲線 $y = \dfrac{a}{x}$ が点Aで交わっています。点Aの x 座標が 2 のとき，次の問いに答えなさい。

(1) 点Aの座標を求めなさい。

(2) a の値を求めなさい。

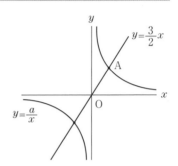

【解き方】

(1) 点Aは直線 $y = \dfrac{3}{2}x$ のグラフ上の点なので，

$x = 2$ を代入して，

$$y = \frac{3}{2} \times 2$$

$$= 3$$

よって，A$(2,\ 3)$

> $y = ax$ の a が分数のときも，同じように求めればいいんですね。

$(2,\ 3)$ **解答**

(2) 点Aは双曲線 $y = \dfrac{a}{x}$ のグラフ上の点なので，

$x = 2$，$y = 3$ を代入して，

$$3 = \frac{a}{2}$$ ┐ 左辺と右辺を入れかえる。

$$\frac{a}{2} = 3$$ ┘

両辺に 2 をかけて，分母をはらう。

$$a = 6$$

$a = 6$ **解答**

> 反比例 $y = \dfrac{a}{x}$ のとき，$a = xy$ なので，$a = 2 \times 3 = 6$ と求めることもできますよ。

2 右の図は，縦12cm，横16cmの長方形ABCDで，点Pは頂点Aを出発して辺AB，BC，CD上を頂点Dまで移動します。点Pが頂点Aを出発してから動いた長さを x cmとしたとき，△APDの面積を y cm^2 とします。次の問いに答えなさい。

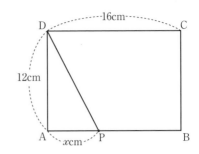

(1) 点Pが辺AB上を動くとき，y を x の式で表しなさい。

(2) 点Pが辺BC上にあるとき，△APDの面積は何cm^{2}ですか。

(3) △APDの面積が84cm^{2}になるとき，点Pは頂点Aから何cm動いたところにありますか。

【解き方】

(1) 点Pが辺AB上を動くとき，△APDは右の図のようになる。よって，

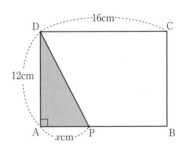

$$\triangle APD = \boxed{\frac{1}{2} \times (底辺) \times (高さ)}$$

$$= \frac{1}{2} \times AP \times AD$$

$$= \frac{1}{2} \times x \times 12$$

$$= \frac{1}{2} \times \overset{6}{12} \times x$$

$$= 6x$$

よって，$y = 6x$

$y = 6x$ **解答**

(2) 点Pが辺BC上にあるとき，△APDは右の図のようになり，底辺が12cm，高さが16cmの三角形である。よって，

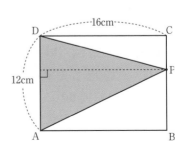

$$\triangle APD = \frac{1}{2} \times 12 \times 16$$

$$= 96$$

96cm^2 **解答**

(3) (2)より，△APDの面積が84cm²になるのは，点Pが辺AB上，辺CD上にあるときである。

①辺AB上にあるとき

(1)より，$y = 6x$ に $y = 84$ を代入して，

$84 = 6x$

$x = 14$(cm)

②辺CD上にあるとき

△APDは右の図のようになる。PDの長さは，

AB＋BC＋CD－(点Pが動いた長さ)

だから，

PD $= 16 + 12 + 16 - x$

$\quad = 44 - x$(cm)

よって，△APDの面積は，

$$\triangle APD = \frac{1}{2} \times AD \times PD$$

$$= \frac{1}{\overset{}{2}} \times \overset{6}{12} \times (44 - x)$$

$$= 6(44 - x)$$

$$= -6x + 264$$

したがって，$y = -6x + 264$ に $y = 84$ を代入して，

$84 = -6x + 264$

$6x = 180$

$x = 30$(cm)

点Pが辺CD上にあるときのPDの長さの表し方に注意しましょう。

14cm，30cm 解答

---

3 右の図の平行四辺形OABCで，A(6, 8)，C(7, 0)のとき，次の問いに答えなさい。

(1) 点Bの座標を求めなさい。

(2) 点Aを通り，△AOCの面積を2等分する直線の式を求めなさい。

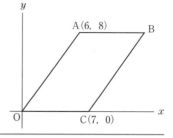

【解き方】

(1) OC∥ABより，点Bのy座標は点Aのy座標と同じ8

また，OC＝AB＝7より，点Bのx座標は，

$6+7=13$

よって，B$(13,\ 8)$

$(13,\ 8)$ **解答**

(2) 点Aを通り，△AOCの面積を2等
分する直線は，右の図のように，線分
OCの中点Pを通る。

中点Pの座標は，

$$\left(\frac{0+7}{2},\ \frac{0+0}{2}\right)=\left(\frac{7}{2},\ 0\right)$$

直線APの式を$y=ax+b$とすると，

点A$(6,\ 8)$を通るので，

$8=6a+b$　…①　← $x=6$，$y=8$を代入する。

点P$\left(\dfrac{7}{2},\ 0\right)$を通るので，

$0=\dfrac{7}{2}a+b$　…②　← $x=\dfrac{7}{2}$，$y=0$を代入する。

①，②をa，bの連立方程式として解くと，

$$a=\frac{16}{5},\ b=-\frac{56}{5}$$

よって，求める直線の式は，

$$y=\frac{16}{5}x-\frac{56}{5}$$

連立方程式は確実
に解けるようにし
ておきましょう。

$$y=\frac{16}{5}x-\frac{56}{5}$$ **解答**

これだけは覚えておこう

〈三角形の面積を2等分する直線〉

頂点Aを通り，△ABCの面積を2等分する直線

⇒ **頂点Aの対辺BCの中点Pを通る**

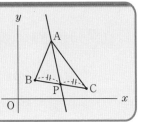

4 円とおうぎ形

ここが出題される▶ 円の円周の長さと面積，おうぎ形の弧の長さと面積の問題などが出題されます。公式を正確に覚えていないことや，直径と半径を誤ることなどでのミスに気をつけましょう。

POINT　円とおうぎ形の公式

円やおうぎ形の半径を r，おうぎ形の中心角を $a°$，円周率を π とする。

▶円の公式

・円周の長さ $= 2\pi r$ 　　・円の面積 $= \pi r^2$

▶おうぎ形の公式

・おうぎ形の弧の長さ $= 2\pi r \times \dfrac{a}{360}$

・おうぎ形の面積 $= \pi r^2 \times \dfrac{a}{360}$

▶例題

次の問いに答えなさい。

(1) 半径 4cm の円の円周の長さと面積を求めなさい。

(2) 半径 3cm，中心角 120° のおうぎ形の弧の長さと面積を求めなさい。

解答・解説

(1) 円周の長さ $= 2\pi \times 4 = 8\pi$ (cm)

円の面積 $= \pi \times 4^2 = 16\pi$ (cm²)

　　　　　円周の長さ　8π cm，円の面積　16π cm² **答**

(2) おうぎ形の弧の長さ $= 2\pi \times \overset{1}{3} \times \dfrac{\overset{1}{120}}{\underset{3}{360}} = 2\pi$ (cm)

おうぎ形の面積 $= \pi \times 3^2 \times \dfrac{\overset{1}{120}}{\underset{3}{360}} = 3\pi$ (cm²)

　　　おうぎ形の弧の長さ　2π cm，おうぎ形の面積　3π cm² **答**

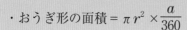

A チャレンジ問題

得点

全 **3** 問

解き方と解答 138ページ

1 直径 10cm の円の円周の長さと面積を求めなさい。

2 半径 6cm，中心角 60°のおうぎ形の弧の長さと面積を求めなさい。

3 半径 8cm，中心角 135°のおうぎ形の弧の長さと面積を求めなさい。

B チャレンジ問題

得点

全 **3** 問

解き方と解答 139ページ

1 直径 14cm の円の円周の長さと面積を求めなさい。

2 半径 8cm，中心角 90°のおうぎ形の弧の長さと面積を求めなさい。

3 半径 6cm，中心角 150°のおうぎ形の弧の長さと面積を求めなさい。

1 直径10cmの円の円周の長さと面積を求めなさい。

【解き方】

円周の長さ $= 2\pi \times 5 = 10\pi$ (cm)

円の面積 $= \pi \times 5^2 = 25\pi$ (cm²)

円周の長さ　10π cm，円の面積　25π cm² 解答

---

2 半径6cm，中心角60°のおうぎ形の弧の長さと面積を求めなさい。

【解き方】

おうぎ形の弧の長さ $= 2\pi \times \overset{1}{6} \times \dfrac{\overset{1}{60}}{360} = 2\pi$ (cm)

おうぎ形の面積 $= \pi \times 6^2 \times \dfrac{\overset{1}{60}}{360} = 6\pi$ (cm²)

おうぎ形の弧の長さ　2π cm，おうぎ形の面積　6π cm² 解答

---

3 半径8cm，中心角135°のおうぎ形の弧の長さと面積を求めなさい。

【解き方】

おうぎ形の弧の長さ $= 2\pi \times \overset{1}{8} \times \dfrac{\overset{3}{135}}{360} = 6\pi$ (cm)

おうぎ形の面積 $= \pi \times 8^2 \times \dfrac{\overset{3}{135}}{360} = 24\pi$ (cm²)

おうぎ形の弧の長さ　6π cm，おうぎ形の面積　24π cm² 解答

解き方と解答 問題 137ページ

1 直径14cmの円の円周の長さと面積を求めなさい。

【解き方】

円周の長さ $= 2\pi \times 7 = 14\pi$ (cm)

円の面積 $= \pi \times 7^2 = 49\pi$ (cm^2)

円周の長さ 14π cm，円の面積 49π cm^2 **解答**

2 半径8cm，中心角90°のおうぎ形の弧の長さと面積を求めなさい。

【解き方】

おうぎ形の弧の長さ $= 2\pi \times 8 \times \dfrac{90}{360} = 4\pi$ (cm)

おうぎ形の面積 $= \pi \times 8^2 \times \dfrac{90}{360} = 16\pi$ (cm^2)

おうぎ形の弧の長さ 4π cm，おうぎ形の面積 16π cm^2 **解答**

3 半径6cm，中心角150°のおうぎ形の弧の長さと面積を求めなさい。

【解き方】

おうぎ形の弧の長さ $= 2\pi \times 6 \times \dfrac{150}{360} = 5\pi$ (cm)

おうぎ形の面積 $= \pi \times 6^2 \times \dfrac{150}{360} = 15\pi$ (cm^2)

おうぎ形の弧の長さ 5π cm，おうぎ形の面積 15π cm^2 **解答**

5 三角形の合同

三角形の合同条件を正しく理解し，仮定や図形の性質から必要な条件を導くことが重要です。根拠を明らかにして証明できるようにしましょう。

OINT　　　合同条件

▶合同条件
・三角形の合同条件
　①3組の辺がそれぞれ等しい…A
　②2組の辺とその間の角がそれぞれ等しい…B
　③1組の辺とその両端の角がそれぞれ等しい…C
・直角三角形の合同条件（斜辺は直角に対する辺）
　①斜辺と他の1辺がそれぞれ等しい…D
　②斜辺と1つの鋭角がそれぞれ等しい…E
・5つの合同条件のイメージ（A～E）は，特にDとEの直角に注意する。

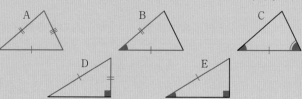

● 直角三角形が合同であることを示すときは，「1組の角が90°である」ことを書き忘れないようにします。

頂点をそろえることに注意して，積極的に証明を書こう。

基本的な合同の証明の書き方

① 合同を証明する2つの三角形を示す。

② 仮定や図形の性質から，合同であることを示すときに必要な条件を3つ書く。

③ ②をもとに合同条件を示す。

④ 2つの三角形が合同であることを，記号「≡」を使って示す。

※ 図形の性質から必要な条件を書くときは，理由を示す。

例題

右の図のように，辺ABと辺AD，辺BCと
辺DCがそれぞれ垂直である四角形ABCDが
あり，AD＝CDです。対角線BDを引くとき，
対角線BDが∠ADCの二等分線であることを，
△ABDと△CBDが合同であることを用いて，
もっとも簡潔な手順で証明します。次の問いに答えなさい。

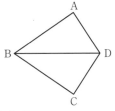

(1) △ABDと△CBDが合同であることを示すときに必要な条件
を，下のア～カの中から3つ選びなさい。

　ア　AB＝CB　　　　　イ　AD＝CD　　　　ウ　BD＝BD

　エ　∠ABD＝∠CBD　　　　オ　∠ADB＝∠CDB

　カ　∠BAD＝∠BCD＝90°

(2) △ABDと△CBDが合同であることを示すときに用いる合同条
件を，下のア～オの中から1つ選びなさい。

　ア　3組の辺がそれぞれ等しい

　イ　2組の辺とその間の角がそれぞれ等しい

　ウ　1組の辺とその両端の角がそれぞれ等しい

　エ　斜辺と他の1辺がそれぞれ等しい

　オ　斜辺と1つの鋭角がそれぞれ等しい

解答・解説

(証明)　△ABDと△CBDにおいて，仮定より，

　　　∠BAD＝∠BCD＝90°…①　　AD＝CD…②

共通な辺だから，BD＝BD…③

①，②，③より，直角三角形の斜辺と他の1

辺がそれぞれ等しいので，△ABD≡△CBD

対応する角は等しいので，∠ADB＝∠CDB

よって，対角線BDは∠ADCの二等分線である。(証明終)

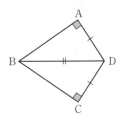

(1)　(証明)より，必要な条件はイ，ウ，カである。　　イ，ウ，カ **答**

(2)　(証明)より，合同条件はエである。　　　　　　　　　　エ **答**

A チャレンジ問題

解き方と解答 143～144ページ

1 右の図のように，平行四辺形 ABCD があります。対角線 AC 上に点 E，F を AE＝CF になるようにとります。このとき，BE＝DF であることを，2つの三角形が合同であることを用いて，もっとも簡潔な手順で証明します。次の問いに答えなさい。

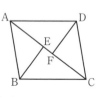

(1) 証明に用いる2つの三角形を示しなさい。

(2) (1)のときの合同条件を答えなさい。

2 右の図のように，AB＝AC である二等辺三角形があります。辺 AB，AC 上に点 D，E を BD＝CE になるようにとります。このとき，∠BCD＝∠CBE であることを，2つの三角形が合同であることを用いて，もっとも簡潔な手順で証明します。次の問いに答えなさい。

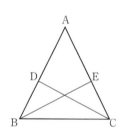

(1) 証明に用いる2つの三角形を示しなさい。

(2) (1)のときの合同条件を答えなさい。

B チャレンジ問題

解き方と解答 145ページ

1 右の図のように，平行四辺形 ABCD があります。辺 CD の中点を E，直線 AE と辺 BC の延長線の交点を F とします。このとき，AE＝FE であることを，2つの三角形が合同であることを用いて，もっとも簡潔な手順で証明します。次の問いに答えなさい。

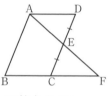

(1) 証明に用いる2つの三角形を示しなさい。

(2) (1)のときの合同条件を答えなさい。

解き方と解答

問題 142ページ

1 右の図のように，平行四辺形 ABCD がありま
す。対角線 AC 上に点 E，F を AE＝CF になるよ
うにとります。このとき，BE＝DF であることを，
2つの三角形が合同であることを用いて，もっとも
簡潔な手順で証明します。次の問いに答えなさい。

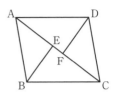

(1) 証明に用いる2つの三角形を示しなさい。

(2) (1)のときの合同条件を答えなさい。

【解き方】

(1) BE と DF，AE と CF がそれぞれ含まれる
△ABE と △CDF を考える。

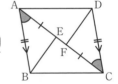

△ABE と △CDF

（証明） △ABE と △CDF において，

仮定より，

　AE＝CF…①

平行四辺形の向かい合う辺は等しいから，

　AB＝CD…②

AB∥DC より，平行線の錯角は等しいから，

　∠BAE＝∠DCF…③

①，②，③より，2組の辺とその間の角がそれぞれ等しいから，

　△ABE≡△CDF

合同な図形では，対応する辺の長さは等しいので，

　BE＝DF　（証明終）

(2) 証明より，その答えを求めることができる。

2組の辺とその間の角がそれぞれ等しい

2 右の図のように，AB＝ACである二等辺三角形があります。辺AB，AC上に点D，EをBD＝CEになるようにとります。このとき，∠BCD＝∠CBEであることを，2つの三角形が合同であることを用いて，もっとも簡潔な手順で証明します。次の問いに答えなさい。

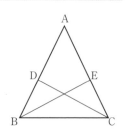

(1) 証明に用いる2つの三角形を示しなさい。

(2) (1)のときの合同条件を答えなさい。

【解き方】

(1) ∠BCDと∠CBEがそれぞれ含まれる
△BCDと△CBEを考える。

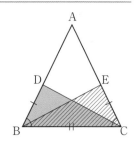

↪確認！
二等辺三角形は，2つの辺が等しく，2つの底角が等しい。

$$△BCD と △CBE \quad \boxed{解答}$$

(証明)　△BCDと△CBEにおいて，

仮定より，

　　BD＝CE…①

2つの三角形に共通な辺だから，

　　BC＝CB…②　　←対応する頂点の順に書く。

二等辺三角形の2つの底角（ていかく）は等しいから，

　　∠CBD＝∠BCE…③

①，②，③より，2組の辺とその間の角がそれぞれ等しいから，

　　△BCD≡△CBE

合同な図形では，対応する角の大きさは等しいので，

　　∠BCD＝∠CBE　（証明終）

(2) 証明より，その答えを求めることができる。

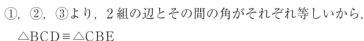

2組の辺とその間の角がそれぞれ等しい 　\boxed{解答}

B 解き方と解答

問題 142ページ

1 右の図のように，平行四辺形 ABCD があります。辺 CD の中点を E，直線 AE と辺 BC の延長線の交点を F とします。このとき，AE＝FE であることを，2つの三角形が合同であることを用いて，もっとも簡潔な手順で証明します。次の問いに答えなさい。

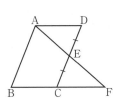

(1) 証明に用いる2つの三角形を示しなさい。

(2) (1)のときの合同条件を答えなさい。

【解き方】

(1) AE と FE がそれぞれ含まれる △AED と △FEC を考える。

$$\triangle\text{AED} と \triangle\text{FEC} \quad \boxed{解答}$$

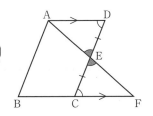

（証明） △AED と △FEC において，

点 E は辺 CD の中点だから，

　DE＝CE…①

対頂角は等しいから，

　∠AED＝∠FEC…②

AD∥CF より，平行線の錯角は等しいから，

　∠ADE＝∠FCE…③

①，②，③より，1組の辺とその両端の角がそれぞれ等しいから，

　△AED≡△FEC

合同な図形では，対応する辺の長さは等しいので，

　AE＝FE　（証明終）

(2) 証明より，その答えを求めることができる。

1組の辺とその両端の角がそれぞれ等しい

6 空間図形

空間図形では，直線や平面の位置関係に関する問題や展開図から立体の名前を答える問題，円錐や円柱，直方体などの立体の体積を求める問題が出題されます。

POINT　　空間図形のまとめ

▶空間内の平面と直線
・2直線の位置関係

交わる　　　　　　平行　　　　　　ねじれの位置

・直線と平面の位置関係

直線は平面上にある　　　交わる　　　　　平行

・2平面の位置関係

　　　　　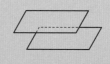

交わる　　　　　　　　　平行

▶立体の体積の公式
・直方体，円柱
　⇨　　底面積×高さ

直方体　　　　　円柱

・円錐（えんすい）
　⇨　$\dfrac{1}{3}$×底面積×高さ

円錐

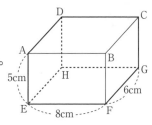

例題

右の図のような直方体について、次の問いに答えなさい。

(1) 辺ABと平行な辺をすべて答えなさい。

(2) 面AEFBと平行な面はどれですか。

(3) この直方体の体積は何cm³ですか。単位をつけて答えなさい。

解答・解説

(1) 平行な辺は同一平面上にあり、交わらない。

　　面ABCD上にあって交わらないから、

　　　　　辺DC

　　面AEFB上にあって交わらないから、

　　　　　辺EF

　　面ABGH上にあって交わらないから、

　　　　　辺HG

　　よって、辺DC、辺EF、辺HG **答**

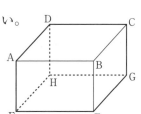

(2) 平面と平面の位置関係には、

　　　　・交わる

　　　　・交わらない（平行）

　　の2つがある。

　　よって、面AEFBと交わらない面をさがせばよいので、面DHGC **答**

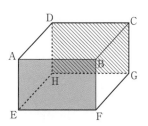

(3) 直方体の体積の求め方は、

　　　　底面積×高さ

　　だから、

　　　　EF×FG×AE ┐ EF＝8，FG＝6，
　　　　＝8×6×5 ┘ AE＝5を代入する。

　　　　＝240

　　よって、240cm³ **答**

体積の求め方をしっかり覚え、使い慣れておきましょう。

解き方と解答 150～153ページ

1 右の図のような直方体について，次の問い
に答えなさい。

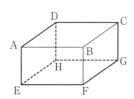

(1) 辺ADと平行な辺をすべて答えなさい。

(2) 辺AEと垂直な辺をすべて答えなさい。

(3) 面ABCDと平行な面はどれですか。

2 右の図は，ある立体の展開図です。この展
開図を組み立ててできる立体について，次の
問いに答えなさい。

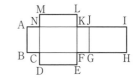

(1) どんな立体ができますか。もっとも適
切な名前で答えなさい。

(2) 点Jと重なる点はどれですか。

(3) 辺DEと重なる辺はどれですか。

過去 **3** 下の立体の体積は何cm³ですか。単位をつけて答えなさい。(1) は
直方体で，(2)は直方体を組み合わせた立体です。

(1)

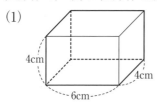

(2)

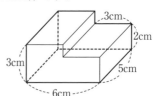

4 右の図のような，底面の半径が4 cm，高さが
8 cmの円柱があります。次の問いに単位をつけ
て答えなさい。ただし，円周率はπとします。

(1) この円柱の底面積を求めなさい。

(2) この円柱の体積を求めなさい。

B チャレンジ問題

得点

全**9**問

解き方と解答 154〜157ページ

1 右の図のような直方体の一部を切り取った立体について，次の問いに答えなさい。

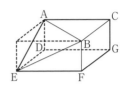

(1) 辺CGと平行な辺をすべて答えなさい。

(2) 辺EFと垂直な辺をすべて答えなさい。

(3) 辺BFとねじれの位置にある辺をすべて答えなさい。

(4) 面ABCと平行な面はどれですか。

過去 **2** 右の図は，各面が合同な正三角形でできている立体の展開図です。この展開図を組み立ててできる立体について，次の問いに答えなさい。

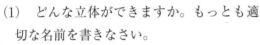

(1) どんな立体ができますか。もっとも適切な名前を書きなさい。

(2) 辺ABと重なる辺はどれですか。

(3) できる立体の頂点はいくつですか。

3 右の図のような直角三角形を，直線 ℓ を軸として1回転させてできる立体について，次の問いに答えなさい。ただし，円周率は π とします。

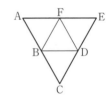

(1) どんな立体ができますか。もっとも適切な名前を書きなさい。

(2) できる立体の体積を求めなさい。

1 右の図のような直方体について，次の問いに答えなさい。

(1) 辺ADと平行な辺をすべて答えなさい。

(2) 辺AEと垂直な辺をすべて答えなさい。

(3) 面ABCDと平行な面はどれですか。

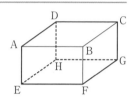

【解き方】

(1) 平行な辺は同一平面上にあり，交わらない。

面ABCD上にあって交わらないから，

辺BC

面AEHD上にあって交わらないから，

辺EH

面AFGD上にあって交わらないから，

辺FG

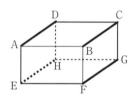

辺BC，辺EH，辺FG

(2) 四角形AEFBは長方形だから，

AE⊥AB

AE⊥EF

四角形AEHDは長方形だから，

AE⊥AD

AE⊥EH

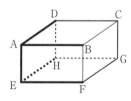

辺AB，辺EF
辺AD，辺EH

⤻確認！

直線や平面が平行のときは，記号「//」を使い，垂直のときは，記号「⊥」を使う。

(3) 平面と平面の位置関係には，

   ・交わる

   ・交わらない（平行）

の2つがある。

よって，面ABCDと交わらない面をさがせ
ばよい。

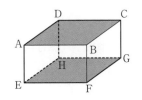

面EFGH 解答

---

2 右の図は，ある立体の展開図です。この展開
図を組み立ててできる立体について，次の問い
に答えなさい。

(1) どんな立体ができますか。もっとも適切
な名前で答えなさい。

(2) 点Jと重なる点はどれですか。

(3) 辺DEと重なる辺はどれですか。

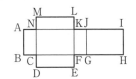

【解き方】

(1) 展開図を組み立てると，右のような
立体ができる。

直方体 解答

(2) 右上の図より，点Jと重なる点は点L。

点L 解答

(3) 右上の図より，辺DEと重なる辺は辺HG。

辺HG 解答

重なる辺は対応す
る頂点の順に書く
んですね。

3 下の立体の体積は何cm³ですか。単位をつけて答えなさい。(1)は直方体で，(2)は直方体を組み合わせた立体です。

(1)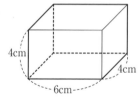

(2)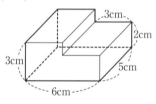

【解き方】

(1)　直方体の体積は，

$$底面積 × 高さ$$

だから，

$$EF × FG × AE$$

$= 6 × 4 × 4$ ┐ EF＝6，FG＝4，
 ＿ AE＝4 を代入する。

底面積 ─┘　└─ 高さ

$= 96 \ (cm^3)$

96cm³　**解答**

(2)　右の図のように，立体を
　　①直方体ABCD－EFGH
　　②直方体IJKL－FMNG
　の2つの直方体に分ける。

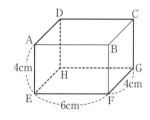

①の体積は，

$$EF × FG × AE$$

$= 3 × 5 × 3$ ┐ EF＝3，FG＝5，
 ＿ AE＝3 を代入する。

$= 45 \ (cm^3)$

②の体積は，

$$FM × MN × KN$$

$= 3 × 5 × 2$ ┐ FM＝3，MN＝5，
 ＿ KN＝2 を代入する。

$= 30 \ (cm^3)$

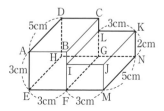

解法のツボ

複雑な立体の体積は，いくつかの直方体や立方体に分けて求める。

よって，求める立体の体積は，

$$45 + 30$$
$$= 75 (\mathrm{cm}^3)$$

$$\underline{75\mathrm{cm}^3} \quad \boxed{\text{解答}}$$

いろいろな立体の
体積を求められる
ようにしましょう。

---

4 右の図のような，底面の半径が 4 cm，高さが 8 cm の円柱があります。次の問いに単位をつけて答えなさい。ただし，円周率は π とします。

(1) この円柱の底面積を求めなさい。

(2) この円柱の体積を求めなさい。

8cm

4cm

【解き方】

(1) 円柱の底面の円の面積の求め方は，

半径×半径×円周率

だから，

$$4 \times 4 \times \pi$$
$$= 16\pi (\mathrm{cm}^2)$$

$$\underline{16\pi\,\mathrm{cm}^2} \quad \boxed{\text{解答}}$$

半径 4 cm の円の
面積を求める。

解法の**ツボ**

円の面積の求め方は，
半径×半径×円周率

(2) 円柱の体積の求め方は，

底面積×高さ

だから，(1)より，

$$16\pi \times 8$$
$$= 128\pi (\mathrm{cm}^3)$$

$$\underline{128\pi\,\mathrm{cm}^3} \quad \boxed{\text{解答}}$$

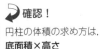

底面積は(1)より
$16\pi\,\mathrm{cm}^2$，
高さは 8 cm。

↩**確認！**

円柱の体積の求め方は，
底面積×高さ

1 右の図のような直方体の一部を切り取った
立体について，次の問いに答えなさい。

(1) 辺CGと平行な辺をすべて答えなさい。

(2) 辺EFと垂直な辺をすべて答えなさい。

(3) 辺BFとねじれの位置にある辺をすべて答
えなさい。

(4) 面ABCと平行な面はどれですか。

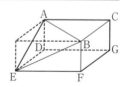

【解き方】

(1) 平行な辺は同一平面上にあり，交わらない。

面BFGC上にあって交わらないから，

辺BF

面ADGC上にあって交わらないから，

辺AD

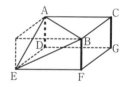

辺BF，辺AD

(2) 四角形EFGDは長方形だから，

EF⊥DE

EF⊥FG

三角形BEFは直角三角形だから，

EF⊥BF

また，辺AEは，辺EFに垂直な面の
辺なので，EF⊥AE

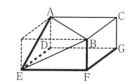

辺DE，辺FG，辺BF，辺AE **解答**

(3) ねじれの位置にある2直線は，平行でな
く交わらない。
①辺BFと平行な辺
辺AD，辺CG
②辺BFと交わる辺
辺AB，辺BC，辺BE
辺EF，辺FG
①と②の辺を除いた辺（○印）を答える。

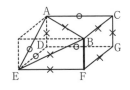

辺AE，辺DE，辺DG，辺AC 解答

(4) 平面と平面の位置関係には，
・交わる
・交わらない（平行）
の2つがある。
よって，面ABCと交わらない面をさがせばよい。

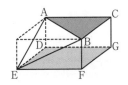

面DEFG 解答

2 右の図は，各面が合同な正三角形でできてい
る立体の展開図です。この展開図を組み立てて
できる立体について，次の問いに答えなさい。
(1) どんな立体ができますか。もっとも適切
な名前を書きなさい。
(2) 辺ABと重なる辺はどれですか。
(3) できる立体の頂点はいくつですか。

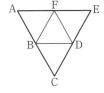

【解き方】

(1) 展開図を組み立てると，右のような立体
    ができる。

    正四面体 解答

(2) 辺ABと重なる辺は，右上の図より辺CB。

    辺CB 解答

(3) 立体の頂点は，右上の図より4個。

    4個 解答

これだけは覚えておこう

〈正多面体の形と性質〉

	面の数	辺の数	頂点の数
正四面体	4	6	4
正六面体	6	12	8
正八面体	8	12	6
正十二面体	12	30	20

（辺の数）＋2＝（面の数）＋（頂点の数）

3 右の図のような直角三角形を，直線 ℓ を軸と
して1回転させてできる立体について，次の問
いに答えなさい。ただし，円周率は π とします。
(1) どんな立体ができますか。もっとも適切
　　な名前を書きなさい。
(2) できる立体の体積を求めなさい。

【解き方】

(1) 直角三角形を，直線 ℓ を軸として1回
　　転させると，右のような立体ができる。

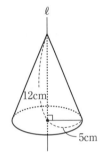

　　　　　　　　　円錐　**解答**

(2) 円錐の体積の求め方は，

$$\frac{1}{3} \times 底面積 \times 高さ$$

　底面は半径5cmの
　円になる。

だから，

$$\frac{1}{3} \times 5 \times 5 \times \pi \times 12$$

　　底面積　　　　　　高さ

$$= \frac{1}{3} \times 25\pi \times 12$$

$$= 100\pi \ (\mathrm{cm}^3)$$

　　　　　　$100\pi \ \mathrm{cm}^3$　**解答**

確認！
1つの直線を軸として平面
図形を回転させてできる立
体を**回転体**という。

円錐の体積を求め
るときは $\frac{1}{3}$ をか
けるんでしたね。

確認！
円錐の体積の求め方は，
$\frac{1}{3} \times$ **底面積×高さ**

データの活用

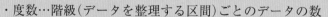

ⓟOINT　データの活用

▶**度数分布表**
・度数…階級(データを整理する区間)ごとのデータの数
・度数分布表…階級に応じて度数を整理した表
・階級値…それぞれの階級の真ん中の値
・度数分布表から読み取る最頻値…度数がもっとも多い階級の階級値

▶**相対度数**
・各階級の度数の全体に対する割合
　相対度数＝(階級の度数)÷(度数の合計)

▶**累積度数・累積相対度数**
・累積度数…最初の階級からその階級までの度数の合計
・累積相対度数…最初の階級からその階級までの相対度数の合計
　累積度数から求めると，累積相対度数＝(累積度数)÷(度数の合計)

▶例題

　右の表は，クラス25人のペンケースの重さを調べて，度数分布表にまとめたものです。次の問いに答えなさい。

重さ(g)	度数(人)
0以上 ～150未満	3
150　～300	8
300　～450	7
450　～600	5
600　～750	2
合計	25

(1)　階級の幅を答えなさい。

(2)　0g以上150g未満の階級の相対度数を求めなさい。

(3)　150g以上300g未満の階級までの累積度数と，累積相対度数を求めなさい。

(4)　最頻値を求めなさい。

(5)　中央値を含む階級を求めなさい。

解答・解説

(1)　データを 150g ごとに区切って階級としているので，階級の幅
は 150g である。

150g　答

(2)　度数が 3 だから，求める相対度数は，
3 ÷ 25 = 0.12

0.12　答

(3)　最初の階級から 150g 以上 300g 未満の階級までの度数の合計が
累積度数だから，求める累積度数は，
3 + 8 = 11（人）

11 人　答

この階級の累積度数が 11 人だから，求める累積相対度数は，
11 ÷ 25 = 0.44

0.44　答

(4)　もっとも度数が多いのは，150g 以上 300g 未満の階級の 8 人で
その階級値だから，求める最頻値は，
(150 + 300) ÷ 2 = 225（g）

225g　答

度数分布表から読み取った最頻値
は，その階級の階級値で答えよう。

(5)　25 人のデータだから，中央の 13 番目のデータの値が中央値で
ある。150g 以上 300g 未満の階級までの累積度数が 11 で，300g
以上 450g 未満の階級までの累積度数が 18 だから，中央値を含む
階級は 300g 以上 450g 未満である。

300g 以上 450g 未満の階級　答

度数分布表からは中央値の具体的なデータはわからないよ。
累積度数を利用して中央値を含む階級を調べてみよう。

解き方と解答 162～163ページ

1 右の表は1組の生徒22人と2組の生徒24人の通学時間を調査した結果を度数分布表に表したものです。次の問いに答えなさい。

通学時間

階級(分)	1組 度数(人)	2組 度数(人)
0以上～ 5未満	2	0
5 ～10	5	3
10 ～15	8	6
15 ～20	3	10
20 ～25	1	2
25 ～30	2	1
30 ～35	1	2
合計	22	24

(1) この度数分布表の階級の幅を答えなさい。

(2) 2組の10分以上15分未満の階級の相対度数を求めなさい。

(3) 1組の最頻値を求めなさい。

(4) 1組の15分以上20分未満の階級までの累積度数を求めなさい。

2 右の表は1組の生徒20人と2組の生徒25人の立ち幅とびの記録を度数分布表に表したものです。次の問いに答えなさい。

立ち幅とびの記録

階級(cm)	1組 度数(人)	2組 度数(人)
120以上～140未満	0	1
140 ～160	2	3
160 ～180	4	5
180 ～200	5	8
200 ～220	5	6
220 ～240	3	2
240 ～260	1	0
合計	20	25

(1) 1組の中央値を含む階級を求めなさい。

(2) 1組の200cm以上220cm未満の階級までの累積度数を求めなさい。

(3) 2組の最頻値を求めなさい。

(4) 1組と2組の140cm以上160cm未満の階級の相対度数を，それぞれ求めなさい。

B チャレンジ問題

1 　右の表は1組の生徒24人と2組の生徒25人の反復横とびの記録を度数分布表に表したものです。次の問いに答えなさい。

反復横とびの記録

階級(点)	1組 度数(人)	2組 度数(人)
35以上〜40未満	0	1
40 〜45	2	1
45 〜50	4	8
50 〜55	7	6
55 〜60	5	4
60 〜65	4	3
65 〜70	2	2
合計	24	25

(1) 　1組の最頻値を求めなさい。

(2) 　2組の最頻値を含む階級の相対度数を求めなさい。

(3) 　2組の中央値を含む階級を求めなさい。

(4) 　1組の55点以上60点未満の階級までの累積相対度数を求めなさい。

2 　右の表は1組の生徒25人と2組の生徒20人の数学のテストの結果を度数分布表に表したものです。次の問いに答えなさい。

数学のテストの結果

階級(点)	1組 度数(人)	2組 度数(人)
30以上〜 40未満	1	1
40 〜 50	1	2
50 〜 60	4	1
60 〜 70	3	3
70 〜 80	8	5
80 〜 90	6	7
90 〜100	2	1
合計	25	20

(1) 　1組の最頻値を求めなさい。

(2) 　1組の中央値を含む階級を求めなさい。

(3) 　2組の中央値を含む階級の相対度数を求めなさい。

(4) 　2組の60点以上70点未満の階級までの累積相対度数を求めなさい。

解き方と解答

問題 160ページ

---

1 右の表は1組の生徒22人と2組の生徒24人の通学時間を調査した結果を度数分布表に表したものです。次の問いに答えなさい。

(1) この度数分布表の階級の幅を答えなさい。

通学時間		
階級(分)	1組	2組
	度数(人)	度数(人)
0以上～ 5未満	2	0
5 ～10	5	3
10 ～15	8	6
15 ～20	3	10
20 ～25	1	2
25 ～30	2	1
30 ～35	1	2
合計	22	24

(2) 2組の10分以上15分未満の階級の相対度数を求めなさい。

(3) 1組の最頻値を求めなさい。

(4) 1組の15分以上20分未満の階級までの累積度数を求めなさい。

【解き方】

(1) 階級の幅はデータを区切る区間の幅だから, 5－0＝5(分)

5分 解答

(2) 2組の10分以上15分未満の階級の度数が6だから, 求める相対度数は, 6÷24＝0.25

0.25 解答

(3) 1組の最頻値は, 度数が8の10分以上15分未満の階級の階級値だから, (10＋15)÷2＝12.5(分)

12.5分 解答

> 度数分布表から求める最頻値は, その階級の階級値だったね。

(4) 1組の最初の階級から15分以上20分未満までの度数の合計は, 2＋5＋8＋3＝18(人)

18人 解答

2 右の表は1組の生徒20人と2組の生徒25人の立ち幅とびの記録を度数分布表に表したものです。次の問いに答えなさい。

立ち幅とびの記録

階級(cm)	1組 度数(人)	2組 度数(人)
120^{以上}～140^{未満}	0	1
140 ～160	2	3
160 ～180	4	5
180 ～200	5	8
200 ～220	5	6
220 ～240	3	2
240 ～260	1	0
合計	20	25

(1) 1組の中央値を含む階級を求めなさい。

(2) 1組の200cm以上220cm未満の階級までの累積度数を求めなさい。

(3) 2組の最頻値を求めなさい。

(4) 1組と2組の140cm以上160cm未満の階級の相対度数を，それぞれ求めなさい。

【解き方】

(1) 1組の160cm以上180cm未満の階級までの累積度数は6で，180cm以上200cm未満の階級までの累積度数は11だから，中央値である10番目と11番目のデータの平均は，180cm以上200cm未満の階級に含まれる。

180cm以上200cm未満の階級 解答

(2) 1組の最初の階級から200cm以上220cm未満の階級までの度数の合計は，

$$0+2+4+5+5=16（人）$$

16人 解答

(3) 2組の最頻値は，度数が8の180cm以上200cm未満の階級の階級値だから，

$$(180+200)÷2=190（cm）$$

190cm 解答

(4) 140cm以上160cm未満の階級の度数は1組が2で2組が3だから，それぞれの相対度数は，

1組 $2÷20=0.10$ 2組 $3÷25=0.12$

1組 0.10，2組 0.12 解答

1 右の表は1組の生徒24人と2組の生徒25人の反復横とびの記録を度数分布表に表したものです。次の問いに答えなさい。

(1) 1組の最頻値を求めなさい。

(2) 2組の最頻値を含む階級の相対度数を求めなさい。

(3) 2組の中央値を含む階級を求めなさい。

(4) 1組の55点以上60点未満の階級までの累積相対度数を求めなさい。

反復横とびの記録

階級(点)	1組 度数(人)	2組 度数(人)
35^{以上}～40^{未満}	0	1
40　～45	2	1
45　～50	4	8
50　～55	7	6
55　～60	5	4
60　～65	4	3
65　～70	2	2
合計	24	25

【解き方】

(1) 1組の最頻値は，度数が7の50点以上55点未満の階級の階級値だから，

$(50+55) \div 2 = 52.5$（点）

52.5 点　**解答**

(2) 度数が8の階級の相対度数だから，

$8 \div 25 = 0.32$

0.32　**解答**

(3) 2組の45点以上50点未満の階級までの累積度数は10で，50点以上55点未満の階級までの累積度数は16だから，中央値である13番目のデータは，50点以上55点未満の階級に含まれる。

50点以上55点未満の階級　**解答**

(4) 1組の55点以上60点未満の階級までの累積度数は，

$0+2+4+7+5 = 18$（人）だから，累積相対度数は，$18 \div 24 = 0.75$

0.75　**解答**

2 右の表は1組の生徒25人と2組の生徒 20人の数学のテストの結果を度数分布表 に表したものです。次の問いに答えなさい。

(1) 1組の最頻値を求めなさい。

(2) 1組の中央値を含む階級を求めなさい。

(3) 2組の中央値を含む階級の相対度数 を求めなさい。

(4) 2組の60点以上70点未満の階級までの累積相対度数を求めなさい。

数学のテストの結果

階級（点）	1組 度数（人）	2組 度数（人）
30^{以上}～ 40^{未満}	1	1
40 ～ 50	1	2
50 ～ 60	4	1
60 ～ 70	3	3
70 ～ 80	8	5
80 ～ 90	6	7
90 ～100	2	1
合計	25	20

【解き方】

(1) 1組の最頻値は，度数が8の70点以上80点未満の階級の階級値 だから，

$(70+80) \div 2 = 75$（点）

75点 **解答**

(2) 1組の60点以上70点未満の階級までの累積度数は9で，70点以 上80点未満の階級までの累積度数は17だから，中央値である13番 目のデータは，70点以上80点未満の階級に含まれる。

70点以上80点未満の階級 **解答**

(3) 2組の60点以上70点未満の階級までの累積度数は7で，70点以 上80点未満の階級までの累積度数は12だから，中央値である10番 目と11番目のデータの平均は，70点以上80点未満の階級に含まれ る。この階級の相対度数は，

$5 \div 20 = 0.25$

0.25 **解答**

(4) (3)より，累積度数が7とわかるから，累積相対度数は，

$7 \div 20 = 0.35$

0.35 **解答**

8 場合の数と確率

| ここが 出題される | 場合の数を求めたり，その場合の数をもとにあることがらが起こる確率を求めたりする問題が出題されます。いろいろな解法のパターンに慣れましょう。 |

ⓅOINT 1 　異なる複数の選択肢から同時に選ぶ場合の数

▶異なる複数の選択肢から同時に選ぶ
・Aを選ぶ選択肢から1つ，Bを選ぶ選択肢から1つ，それぞれ選び，AとBが同時に起こる場合の数を考える。
・Aの選択肢の数それぞれに，Bの選択肢の数の場合が考えられる。

📖例題 1

　　ある中学校の生徒会の役員改選で，生徒会の会長に A，B，C，D の4人が，副会長に E，F，G の3人が立候補しました。会長と副会長の当選者の組み合わせは全部で何通りありますか。

解答・解説

　「組み合わせ」の数を問われているが，会長の選択肢と副会長の選択肢は異なるから，100ページで説明した組み合わせ方の樹形図はあてはまらない。会長の選択肢それぞれに副会長の選択肢が考えられるから，会長と副会長の当選者の組み合わせの樹形図は下の図になる。

```
会長 副会長    会長 副会長    会長 副会長    会長 副会長
      E              E              E              E
A ←  F        B ←  F        C ←  F        D ←  F
      G              G              G              G
```

　樹形図から，会長と副会長の当選者の組み合わせは，12通りであることがわかる。　　　　　　　　　　　　　　　　　　　12通り　答

2 表と確率

> ▶**確率**
> 起こる場合が全部で n 通りあり，どの場合が起こることも同様に確からしいものとする。そのうち，ことがら A の起こる場合が a 通りであるとする。このとき，ことがら A の起こる確率を p とすると，
>
> $$p = \frac{a}{n}$$
>
> ▶**さいころの確率**
> 条件に適する場合を整理して数えるために，樹形図ではなく，表を利用することがある。

 例題2

　　大小2つのさいころを同時に1回ふって出た目の数を調べます。次の問いに答えなさい。ただし，さいころの目は1から6までで，どの目が出ることも同様に確からしいものとします。

(1)　目の数の和が6になる確率を求めなさい。

(2)　目の数の和が4の倍数になる確率を求めなさい。

解答・解説

　　2つのさいころの目の出方は36通りある。

(1)　目の数の和が6になるのは，右の表の5通りだから，求める確率は，

$$\frac{5}{36} \quad 答$$

表　目の数の和

大\小	1	2	3	4	5	6
1	2	3	4	5	6	7
2	3	4	5	6	7	8
3	4	5	6	7	8	9
4	5	6	7	8	9	10
5	6	7	8	9	10	11
6	7	8	9	10	11	12

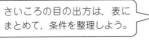

さいころの目の出方は，表にまとめて，条件を整理しよう。

(2)　目の数の和が4の倍数になるのは，上の表の4のときの3通り，8のときの5通り，12のときの1通りの，合計9通りだから，求める確率は，

$$\frac{9}{36} = \frac{1}{4} \quad 答$$

POINT 3　樹形図の確率

▶並べ方，組み合わせ方，コインの表裏の樹形図をかいて確率を求める。
必要に応じて樹形図や表などを使い分けて，確率を求める。

 例題 3

次の問いに答えなさい。ただし，どのカードを引くことも，コインの表と裏が出ることも，同様に確からしいものとします。

(1)　1，2，3，4，5の数が1つずつ書かれたカードが5枚あります。2枚のカードを同時に引いて，カードの数の和が3の倍数になる確率を求めなさい。

(2)　3枚のコイン A，B，C を同時に1回投げるとき，2枚が表で1枚が裏になる確率を求めなさい。

解答・解説

(1)　5枚のカードから2枚を選ぶ，組み合わせ方の樹形図は右のようになる。

$$1 \begin{cases} 2 \\ 3 \\ 4 \\ 5 \end{cases} \quad 2 \begin{cases} 3 \\ 4 \\ 5 \end{cases} \quad 3 \begin{cases} 4 \\ 5 \end{cases} \quad 4 - 5$$

2枚を引く場合は10通りで，カードの数の和が3の倍数になるのは，(1, 2)，(1, 5)，(2, 4)，(4, 5) の4通りだから，求める確率は，$\dfrac{4}{10} = \dfrac{2}{5}$　答

(2)　3枚のコイン A，B，C を同時に1回投げるときの，表と裏の出方の樹形図は右のようになる。

$$\begin{array}{ccc} A & B & C \\ \end{array}$$
表 $\begin{cases} 表 \begin{cases} 表 \\ 裏 \end{cases} \\ 裏 \begin{cases} 表 \\ 裏 \end{cases} \end{cases}$ 　裏 $\begin{cases} 表 \begin{cases} 表 \\ 裏 \end{cases} \\ 裏 \begin{cases} 表 \\ 裏 \end{cases} \end{cases}$

コインの表と裏の出方が8通りで，2枚が表で1枚が裏になるのは，(表, 表, 裏)，(表, 裏, 表)，(裏, 表, 表) の3通りだから，求める確率は，$\dfrac{3}{8}$　答

₱OINT4 ことがら A の起こらない確率

▶ことがら A の起こらない確率
・すべてのことがらが起こる確率は 1 である。
・（ことがら A の起こらない確率）＝1−（ことがら A の起こる確率）

📖例題4

A の袋に 1 から 7 までの整数が 1 つずつ書かれた球が 7 つ，B の袋に 4 から 9 までの整数が 1 つずつ書かれた球が 6 つ入っており，それぞれの袋から 1 つずつ球を取り出します。次の問いに答えなさい。ただし，どの球を選ぶことも同様に確からしいものとします。

(1) 球の出方は全部で何通りありますか。

(2) 2 つの球に書かれた数の合計が，7 以下である確率を求めなさい。

(3) 2 つの球に書かれた数が，少なくとも 1 つは奇数である確率を求めなさい。

解答・解説

(1) A の袋の選択肢それぞれに B の袋の選択肢が考えられる。A の袋と B の袋から 1 つずつ取り出した球の数の組み合わせは，右の表から 42 通りとわかる。　　**42 通り** 答

A＼B	4	5	6	7	8	9
1	5	6	7	8	9	10
2	6	7	8	9	10	11
3	7	8	9	10	11	12
4	8	9	10	11	12	13
5	9	10	11	12	13	14
6	10	11	12	13	14	15
7	11	12	13	14	15	16

(2) 右の表から 2 つの球の数の和が 7 以下であるのは，$(1, 4)$，$(1, 5)$，$(1, 6)$，$(2, 4)$，$(2, 5)$，$(3, 4)$ の 6 通りだから，求める確率は，$\dfrac{6}{42}=\dfrac{1}{7}$ 答

(3) 2 つの球に書かれた数がどちらも偶数であるのは，$(2,4)$，$(2,6)$，$(2,8)$，$(4,4)$，$(4,6)$，$(4,8)$，$(6,4)$，$(6,6)$，$(6,8)$ の 9 通りだから，そのときの確率は，$\dfrac{9}{42}=\dfrac{3}{14}$ である。求める確率は「2 つの球に書かれた数がどちらも偶数」が起こらない確率だから，$1-\dfrac{3}{14}=\dfrac{11}{14}$ 答

1　あるカレーショップのランチメニューは，具材（ビーフ，ポーク，チキン，シーフード），辛さ（甘口，辛口）とライスの量（200g，250g，300g，400g）を選ぶことができます。次の問いに答えなさい。

(1)　ライスの量が 300g のカレーの種類の組み合わせは全部で何通りありますか。

(2)　ランチメニューの組み合わせは全部で何通りありますか。

2　1，2，3，4 の数が 1 つずつ書かれたカードが 4 枚あります。1 枚目から 3 枚目まで選んだカードの数を順に百の位，十の位，一の位として 3 けたの自然数をつくります。その数が 220 より大きい偶数になる確率を求めなさい。ただし，どのカードを選ぶことも同様に確からしいものとします。

3　白と黒の 2 個のさいころを同時に 1 回ふって出た目の数を調べます。次の問いに答えなさい。ただし，さいころの目は 1 から 6 までで，どの目が出ることも同様に確からしいものとします。

(1)　目の積が 3 の倍数になる確率を求めなさい。

(2)　目の和が 4 以上になる確率を求めなさい。

4　A の袋には赤球 2 個，白球 1 個，青球 2 個が，B の袋には赤球 1 個，白球 2 個，青球 2 個が入っていて，A，B の 2 つの袋からそれぞれ 1 個の球を取り出します。次の問いに答えなさい。ただし，どの球を取り出すことも同様に確からしいものとします。

(1)　同じ色の球を取り出す確率を求めなさい。

(2)　異なる色の球を取り出す確率を求めなさい。

(3)　少なくとも 1 個赤球を取り出す確率を求めなさい。

B チャレンジ問題

得点

全9問

解き方と解答 176〜179ページ

1 ある店の軽食セットは，ドリンク（オレンジジュース，コーラ，カフェオレ），メイン（ホットドッグ，ハンバーガー，ミックスサンド，パンケーキ）とサブ（サラダ，チキン，ポテト）からそれぞれ1種類を選ぶことができます。次の問いに答えなさい。

(1) ドリンクとサブの組み合わせは全部で何通りありますか。

(2) 軽食セットの組み合わせは全部で何通りありますか。

2 1，2，3，4，5，6の数が1つずつ書かれたカードが6枚あります。6枚のカードから2枚選んで，書かれた数の和を調べます。次の問いに答えなさい。ただし，どのカードを引くことも同様に確からしいものとします。

(1) カードの選び方は全部で何通りありますか。

(2) 選んだカードの数の和が素数になる確率を求めなさい。

3 1個のさいころを2回ふって出た目の数を調べます。次の問いに答えなさい。ただし，さいころの目は1から6までで，どの目が出ることも同様に確からしいものとします。

(1) 目の和が4以上10以下の奇数になる確率を求めなさい。

(2) 目の積が8の倍数になる確率を求めなさい。

4 A，B，Cの3人でじゃんけんを1回します。次の問いに答えなさい。ただし，だれがどの手を出すことも同様に確からしいものとします。

(1) 3人の手の出し方は全部で何通りありますか。

(2) AとBが勝って，Cだけが負ける確率を求めなさい。

(3) あいこになる確率を求めなさい。

1 あるカレーショップのランチメニューは，具材（ビーフ，ポーク，チキン，シーフード），辛さ（甘口，辛口）とライスの量（200g，250g，300g，400g）を選ぶことができます。次の問いに答えなさい。

(1) ライスの量が300gのカレーの種類の組み合わせは全部で何通りありますか。

(2) ランチメニューの組み合わせは全部で何通りありますか。

【解き方】

(1) 具材の選択肢それぞれに辛さの選択肢が考えられる。樹形図で表すと下のようになる。

$$
\text{ビーフ}<{甘口 \atop 辛口} \quad \text{ポーク}<{甘口 \atop 辛口} \quad \text{チキン}<{甘口 \atop 辛口} \quad \text{シーフード}<{甘口 \atop 辛口}
$$

具材と辛さから1つずつ選んだカレーの組み合わせは，8通りであることがわかる。

8通り 解答

(2) 具材の選択肢それぞれに辛さの選択肢が考えられ，辛さの選択肢それぞれにライスの量の選択肢が考えられる。樹形図で表すと下のようになる。

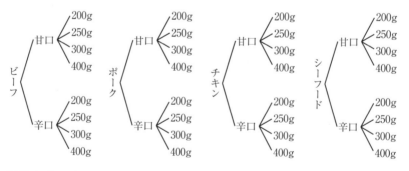

具材と辛さとライスの量から1つずつ選んだランチメニューの組み合わせは，32通りであることがわかる。

32通り 解答

2 1，2，3，4 の数が 1 つずつ書かれたカードが 4 枚あります。1 枚目から 3 枚目まで選んだカードの数を順に百の位，十の位，一の位として 3 けたの自然数をつくります。その数が 220 より大きい偶数になる確率を求めなさい。ただし，どのカードを選ぶことも同様に確からしいものとします。

【解き方】

4 枚のカードから 3 枚を並べる，並べ方の樹形図は下のようになる。

樹形図より，つくることができる 3 けたの自然数は 24 通りである。このうち，220 より大きい偶数は，234，312，314，324，342，412，432 の 7 通りだから，求める確率は，$\dfrac{7}{24}$

$$\dfrac{7}{24}$$ 解答

白と黒の2個のさいころを同時に1回ふって出た目の数を調べます。次の問いに答えなさい。ただし，さいころの目は1から6までで，どの目が出ることも同様に確からしいものとします。

(1) 目の積が3の倍数になる確率を求めなさい。

(2) 目の和が4以上になる確率を求めなさい。

【解き方】

2個のさいころの目の出方は36通りある。

(1) 目の数の積が3の倍数になるのは右の表の20通りだから，求める確率は，

$$\frac{20}{36} = \frac{5}{9}$$

$$\underline{\frac{5}{9}}$$ 解答

目の数の積

白＼黒	1	2	3	4	5	6
1	1	2	3	4	5	6
2	2	4	6	8	10	12
3	3	6	9	12	15	18
4	4	8	12	16	20	24
5	5	10	15	20	25	30
6	6	12	18	24	30	36

さいころの目の出方は，表にまとめて，条件を整理しよう。

(2) 目の和が4以上になる確率は，「目の和が3以下になる」が起こらない確率である。目の和が3以下になる場合の目の出方は，(1, 1), (1, 2), (2, 1) の3通りだから，その確率は $\frac{3}{36} = \frac{1}{12}$ である。よって，求める確率は，$1 - \frac{1}{12} = \frac{11}{12}$

目の数の和

白＼黒	1	2	3	4	5	6
1	2	3	4	5	6	7
2	3	4	5	6	7	8
3	4	5	6	7	8	9
4	5	6	7	8	9	10
5	6	7	8	9	10	11
6	7	8	9	10	11	12

条件に適する場合が多すぎるときは，あてはまらない場合を数えて，起こらない確率を考えると，手際よく解けるね。

$$\underline{\frac{11}{12}}$$ 解答

4 A の袋には赤球 2 個，白球 1 個，青球 2 個が，B の袋には赤球 1 個，白球 2 個，青球 2 個が入っていて，A，B の 2 つの袋からそれぞれ 1 個の球を取り出します。次の問いに答えなさい。ただし，どの球を取り出すことも同様に確からしいものとします。

(1) 同じ色の球を取り出す確率を求めなさい。

(2) 異なる色の球を取り出す確率を求めなさい。

(3) 少なくとも 1 個赤球を取り出す確率を求めなさい。

【解き方】

　A と B の袋から 1 つずつ選んだ球の組み合わせの場合は，25 通りであることがわかる。

(1) 同じ色の球を取り出す取り出し方は，右の表 1 の○印の 8 通りであるから，求める確率は，$\dfrac{8}{25}$

表1

A＼B	赤	白	白	青	青
赤	○				
赤	○				
白		○	○		
青				○	○
青				○	○

$$\dfrac{8}{25}$$ 解答

(2) 異なる色の球を取り出す確率は，「同じ色の球を取り出す」が起こらない確率だから，(1)より，$1 - \dfrac{8}{25} = \dfrac{17}{25}$

$$\dfrac{17}{25}$$ 解答

(3) 少なくとも 1 個赤球を取り出すことは，1 個以上が赤球であることを表す。その場合の数は，右の表 2 の●印の 13 通りである。求める確率は，$\dfrac{13}{25}$

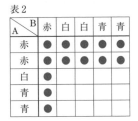

表2

A＼B	赤	白	白	青	青
赤	●	●	●	●	●
赤	●	●	●	●	●
白	●				
青	●				
青	●				

$$\dfrac{13}{25}$$ 解答

1 ある店の軽食セットは、ドリンク（オレンジジュース，コーラ，カフェオレ），メイン（ホットドッグ，ハンバーガー，ミックスサンド，パンケーキ）とサブ（サラダ，チキン，ポテト）からそれぞれ1種類を選ぶことができます。次の問いに答えなさい。

(1)　ドリンクとサブの組み合わせは全部で何通りありますか。

(2)　軽食セットの組み合わせは全部で何通りありますか。

【解き方】

　それぞれのメニューを，最初の1文字で表すことにする。（例：オレンジジュース→「オ」）

(1)　ドリンクの3つの選択肢それぞれに，サブの3つの選択肢が考えられる。

　　ドリンクとサブから1つずつ選んだ組み合わせは，下の樹形図から9通りであることがわかる。

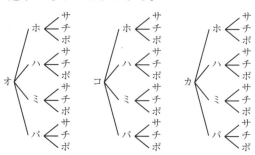

9通り 　解答

(2)　ドリンクの選択肢それぞれにメインの選択肢が考えられ，メインの選択肢それぞれにサブの選択肢が考えられる。ドリンクとメインとサブから1つずつ選んだ軽食セットの組み合わせは下の樹形図から36通りであることがわかる。

36通り 　解答

2 1，2，3，4，5，6の数が1つずつ書かれたカードが6枚あります。6枚のカードから2枚選んで，書かれた数の和を調べます。次の問いに答えなさい。ただし，どのカードを引くことも同様に確からしいものとします。

(1) カードの選び方は全部で何通りありますか。

(2) 選んだカードの数の和が素数になる確率を求めなさい。

【解き方】

6枚のカードから2枚を選ぶ，組み合わせ方の樹形図は下の図になる。

$$
1 \begin{cases} 2 \\ 3 \\ 4 \\ 5 \\ 6 \end{cases}
\quad
2 \begin{cases} 3 \\ 4 \\ 5 \\ 6 \end{cases}
\quad
3 \begin{cases} 4 \\ 5 \\ 6 \end{cases}
\quad
4 \begin{cases} 5 \\ 6 \end{cases}
\quad
5 - 6
$$

(1) 樹形図より，カードの起こりうるすべての選び方は15通りである。

15 通り 解答

(2) 選んだカードの数の和が素数になる組み合わせは，$1+2$，$1+4$，$1+6$，$2+3$，$2+5$，$3+4$，$5+6$の7通りだから，求める確率は，$\dfrac{7}{15}$

$\dfrac{7}{15}$ 解答

3 1個のさいころを2回ふって出た目の数を調べます。次の問いに答えなさい。ただし，さいころの目は1から6までで，どの目が出ることも同様に確からしいものとします。

(1) 目の和が4以上10以下の奇数になる確率を求めなさい。

(2) 目の積が8の倍数になる確率を求めなさい。

【解き方】

2個のさいころの目の出方は36通りある。

(1) 目の和が4以上10以下の奇数になるのは，右の表1の14通りだから，求める確率は，$\dfrac{14}{36} = \dfrac{7}{18}$

$$\dfrac{7}{18}$$ 解答

表1 目の数の和

1＼2	1	2	3	4	5	6
1	2	3	4	5	6	7
2	3	4	5	6	7	8
3	4	5	6	7	8	9
4	5	6	7	8	9	10
5	6	7	8	9	10	11
6	7	8	9	10	11	12

(2) 目の積が8の倍数になるのは，右の表2の5通りだから，求める確率は，$\dfrac{5}{36}$

$$\dfrac{5}{36}$$ 解答

表2 目の数の積

1＼2	1	2	3	4	5	6
1	1	2	3	4	5	6
2	2	4	6	8	10	12
3	3	6	9	12	15	18
4	4	8	12	16	20	24
5	5	10	15	20	25	30
6	6	12	18	24	30	36

2個のさいころの目の出方は，表にまとめて整理するとわかりやすいですね。

4 A，B，Cの3人でじゃんけんを1回します。次の問いに答えなさい。ただし，だれがどの手を出すことも同様に確からしいものとします。

(1) 3人の手の出し方は全部で何通りありますか。

(2) AとBが勝って，Cだけが負ける確率を求めなさい。

(3) あいこになる確率を求めなさい。

【解き方】

　AとBとCが1回じゃんけんをするときの，3人の手の出し方の樹形図は下のようになる。ただし，グー，チョキ，パーをそれぞれ，G，T，Pで表す。

(1) 3人の手の出し方は，27通りある。

$$\underline{27\ 通り}\quad \boxed{解答}$$

(2) AとBが勝ってCが負ける手は，(G, G, T)，(T, T, P)，(P, P, G)の3通りだから，求める確率は，$\dfrac{3}{27}=\dfrac{1}{9}$

$$\underline{\dfrac{1}{9}}\quad \boxed{解答}$$

(3) あいこになるのは，同じ手を出す (G, G, G)，(T, T, T)，(P, P, P) の3通りと，異なる手を出す (G, T, P)，(G, P, T)，(T, G, P)，(T, P, G)，(P, G, T)，(P, T, G) の6通りの，合計9通りある。求める確率は，$\dfrac{9}{27}=\dfrac{1}{3}$

$$\underline{\dfrac{1}{3}}\quad \boxed{解答}$$

データの分布の比較

「四分位数」や「四分位範囲」といった言葉の意味を，正しく理解し，求められるようにしましょう。また，箱ひげ図の読み取りや，データの比較に関する問題にも慣れていきましょう。

POINT　　四分位数と箱ひげ図

▶四分位数

・データを小さい順に並べ，全体を4等分した位置の3つの値。

・値の小さい順に，第1四分位数，第2四分位数，第3四分位数という。中央値を境に前半部分と後半部分に分けると，第1四分位数は前半部分の中央値，第2四分位数はデータ全体の中央値，第3四分位数は後半部分の中央値である。

▶データの数と四分位数

・○を小さい順に並べた個別のデータ，▼を左右2つのデータの値の平均とすると，﹏﹏﹏が四分位数を表す。

　例　データの個数が「4の倍数」のとき
　　①②③▼④⑤⑥▼⑦⑧⑨▼⑩⑪⑫

　例　データの個数が「4の倍数 + 1」のとき
　　①②③▼④⑤⑥⑦⑧⑨⑩▼⑪⑫⑬

　例　データの個数が「4の倍数 + 2」のとき
　　①②③④⑤⑥⑦▼⑧⑨⑩⑪⑫⑬⑭

　例　データの個数が「4の倍数 + 3」のとき
　　①②③④⑤⑥⑦⑧⑨⑩⑪⑫⑬⑭⑮

▶四分位範囲と(分布の)範囲

・四分位範囲 = 第3四分位数 − 第1四分位数

・(分布の)範囲 = 最大値 − 最小値

▶箱ひげ図

・①…最小値，②…第1四分位数，
③…第2四分位数(中央値)，
④…第3四分位数，⑤…最大値
を右のように箱とひげで表した図。

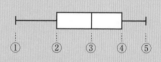

・四分位範囲は中央値付近のほぼ 50％のデータを含む区間。

・（分布の）範囲は極端なデータの影響を受けるが，四分位範囲への影響は小さい。

・複数のデータをおおまかに比較しやすい。

例題

下のデータについて，次の問いに答えなさい。

$$10,\ 16,\ 7,\ 15,\ 9,\ 19,\ 12,\ 11,\ 3,\ 12,\ 18,\ 4,\ 14,\ 2$$

(1) 四分位数をすべて答えなさい。

(2) 四分位範囲を答えなさい。

(3) 下の図に，箱ひげ図をかき入れなさい。

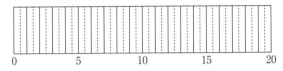

解答・解説

(1) 14 個のデータを，値の小さい順に並べて 4 等分すると，

$$2,\ 3,\ 4,\ \underset{\sim}{7},\ 9,\ 10,\ 11 \blacktriangledown 12,\ 12,\ 14,\ \underset{\sim}{15},\ 16,\ 18,\ 19$$

第 1 四分位数は 7，第 3 四分位数は 15 である。

また，第 2 四分位数（中央値）は，$(11+12) \div 2 = 11.5$ である。

第 1 四分位数　7，第 2 四分位数　11.5，第 3 四分位数 15　答

(2) 四分位範囲は，$15 - 7 = 8$　答

(3) (1)，(2) の数値と，最小値 2，最大値 19 をもとに，箱ひげ図をかき入れる。

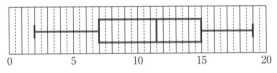

上の図　答

1 次のデータについて、箱ひげ図をかき入れなさい。

(1) 1, 2, 2, 3, 3, 3, 4, 5, 7, 8, 9, 11, 12, 13, 16, 18

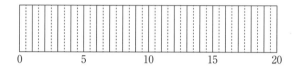

(2) 3, 5, 7, 11, 11, 12, 15, 16, 16, 16, 18, 19, 19

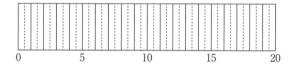

2 右の箱ひげ図は、2つのグループA、Bのそれぞれ28個のデータについてまとめたものです。次の問いに答えなさい。

(1) グループAとグループBのある四分位数を比較すると、グループBのほうがグループAより1大きいです。その四分位数を答えなさい。

(2) （分布の）範囲は、どちらのグループがどれだけ大きいか答えなさい。

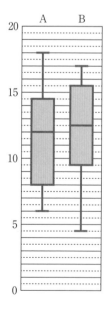

B チャレンジ問題

得点

全2問

解き方と解答 186〜187ページ

1 　下の図1，図2の箱ひげ図にまとめられた2種類のデータは，データの数，最小値，最大値，中央値がともに等しいです。また，図3，図4は，この2種類のデータのどちらかを，それぞれヒストグラムにまとめたものです。図1の箱ひげ図にまとめられたデータをヒストグラムにしたものを，図3，図4の中から選びなさい。

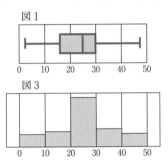

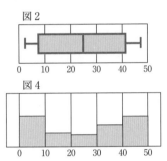

2 　下の箱ひげ図は，A群，B群の2種類のデータを，それぞれまとめたものです。データはA群が22個，B群が23個で，すべてのデータが整数です。2つの箱ひげ図から読み取れる内容が必ず正しいものを，次のア〜オからすべて選びなさい。

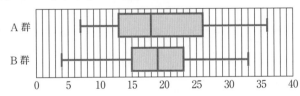

ア　A群とB群の（分布の）範囲は等しい。

イ　A群で，値が18未満のデータの数は11個である。

ウ　どちらの群にも，値が33のデータがある。

エ　値が14以下のデータの数はA群のほうが多い。

オ　B群で，値が23以上のデータの数は6個以上である。

1 次のデータについて、箱ひげ図をかき入れなさい。

(1)　1, 2, 2, 3, 3, 3, 4, 5, 7, 8, 9, 11, 12, 13, 16, 18

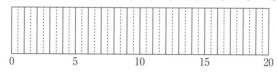

(2)　3, 5, 7, 11, 11, 12, 15, 16, 16, 16, 18, 19, 19

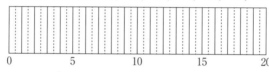

【解き方】

(1)　データを4等分すると、

　　　1, 2, 2, 3▼3, 3, 4, 5▼7, 8, 9, 11▼12, 13, 16, 18

　　第1四分位数 $= (3+3) \div 2 = 3$, 第2四分位数(中央値) $= (5+7) \div 2 = 6$,

　　第3四分位数 $= (11+12) \div 2 = 11.5$ である。

　　また、最小値 $= 1$, 最大値 $= 18$ である。箱ひげ図は、

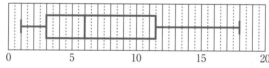

上の図　解答

(2)　データを4等分すると、

　　　3, 5, 7▼11, 11, 12, 15, 16, 16, 16▼18, 19, 19

　　第1四分位数 $= (7+11) \div 2 = 9$, 第2四分位数(中央値) $= 15$,

　　第3四分位数 $= (16+18) \div 2 = 17$ である。

　　また、最小値 $= 3$, 最大値 $= 19$ である。箱ひげ図は、

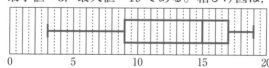

上の図　解答

② 右の箱ひげ図は，2つのグループ A，B のそれぞ
れ 28 個のデータについてまとめたものです。次の
問いに答えなさい。

(1) グループ A とグループ B のある四分位数を比
較すると，グループ B のほうがグループ A より
1 大きいです。その四分位数を答えなさい。

(2) (分布の) 範囲は，どちらのグループがどれだけ
大きいか答えなさい。

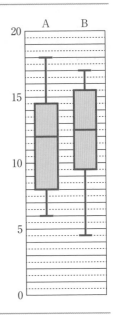

【解き方】

(1) 2つのグループの四分位数を箱ひげ
図から読み取って，右の表に整理する。
グループ B のほうがグループ A より 1
大きい四分位数は，第 3 四分位数であ
るとわかる。

四分位数＼グループ	A	B
第 1 四分位数	8	9.5
第 2 四分位数	12	12.5
第 3 四分位数	14.5	15.5

第 3 四分位数

(2) 最大値と最小値の差が (分布の) 範囲である。
グループ A の (分布の) 範囲は，
 $18-6=12$
グループ B の (分布の) 範囲は，
 $17-4.5=12.5$
したがって，グループ B が $12.5-12=0.5$ 大きい。

グループ B が 0.5 大きい 解答

B 解き方と解答

問題 183ページ

1 下の図1，図2の箱ひげ図にまとめられた2種類のデータは，データの数，最小値，最大値，中央値がともに等しいです。また，図3，図4は，この2種類のデータのどちらかを，それぞれヒストグラムにまとめたものです。図1の箱ひげ図にまとめられたデータをヒストグラムにしたものを，図3，図4の中から選びなさい。

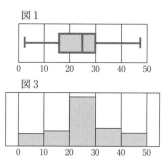

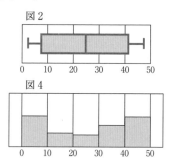

【解き方】

　　箱の部分が示す四分位範囲には，データの中でも，中央値付近のおよそ50％がふくまれる。四分位範囲がせまい図1では，50％近くのデータが中央値付近に集中していることがわかるから，図3である。

図3 **解答**

2 下の箱ひげ図は，A群，B群の2種類のデータを，それぞれまとめたものです。データはA群が22個，B群が23個で，すべてのデータが整数です。2つの箱ひげ図から読み取れる内容が必ず正しいものを，次のア～オからすべて選びなさい。

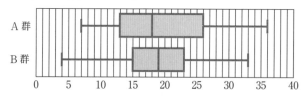

ア　Ａ群とＢ群の（分布の）範囲は等しい。

イ　Ａ群で，値が 18 未満のデータの数は 11 個である。

ウ　どちらの群にも，値が 33 のデータがある。

エ　値が 14 以下のデータの数は Ａ群のほうが多い。

オ　Ｂ群で，値が 23 以上のデータの数は 6 個以上である。

【解き方】

ア　（分布）の範囲は，Ａ群が $36-7=29$，Ｂ群が $33-4=29$ だから，正しい。

イ　Ａ群のデータの数が 22 個で中央値が 18 だから，データを 4 等分して，

Ａ群 … 7 ○○○○ 13 ○○○○ 17▼19 ○○○○ 26 ○○○○ 36

になるような場合は 18 未満のデータの数は 11 個になるが，

Ａ群 … 7 ○○○○ 13 ○○○○ 18▼18 ○○○○ 26 ○○○○ 36

になるような場合は 18 未満のデータの数は 10 個以下になるから，必ずしも正しいとは限らない。

ウ　Ｂ群のデータの最大値は 33 だから，値が 33 のデータは必ずあるが，Ａ群に値が 33 のデータがあるとは限らないから，必ずしも正しいとは限らない。

エ　改めて Ａ群と Ｂ群のデータをそれぞれ 4 等分すると，

Ａ群 … 7 ○○○○ 13 ○○○○ ○▼○ ○○○○ 26 ○○○○ 36

Ｂ群 … 4 ○○○○ 15 ○○○○○ 19 ○○○○○ 23 ○○○○ 33

になるから，値が 14 以下のデータの数は，Ａ群が 6 個以上で，Ｂ群が 5 個以下とわかるから，正しい。

オ　エより，値が 23 以上のデータの数は 6 個以上とわかる。

ア，エ，オ　**解答**

作図の手順のまとめ

1 垂直二等分線

① 線分の両端 A，B を中心に，等しい半径の円をかく。

② 円の交点 C，D を通る直線 CD を引く。

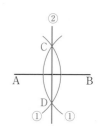

2 角の二等分線

① 点 O を中心とする円と半直線 OX，OY との交点を A，B とする。

② 点 A，B を中心に，等しい半径の円をかき，交点を C とする。

③ 半直線 OC を引く。

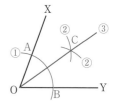

3 直線上にない点 P を通る垂線

① 点 P を中心に円をかき，直線 XY との交点を A，B とする。

② 点 A，B を中心に，等しい半径の円をかき，交点を C とする。

③ 直線 PC を引く。

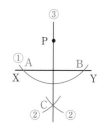

4 直線上の点 P を通る垂線

① 点 P を中心に円をかき，直線 XY との交点を A，B とする。

② 点 A，B を中心に，等しい半径の円をかき，交点を C とする。

③ 直線 PC を引く。

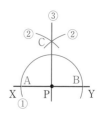

第3章

予想模擬検定

この章の内容

1次検定，2次検定用にそれぞれ2回ずつ，予想問題を用意しました。これまで学習してきたことを確認し，万全の態勢で本番を迎えましょう。

実用数学技能検定

第1回　予想模擬検定

1次：計算技能検定
問　題

────── **検定上の注意** ──────

1．検定時間は**50分**です。

2．**電卓・ものさし・コンパス**を使用することはできません。

3．答えが分数になるとき，約分してもっとも簡単な分数にしてください。

合格ライン	得点
21／30	／30

1次：計算技能検定

1 次の計算をしなさい。

(1) $2\dfrac{2}{3} \times \dfrac{9}{16}$

(2) $3\dfrac{1}{5} \div \dfrac{8}{15}$

(3) $\dfrac{7}{10} \times \dfrac{9}{14} \div \dfrac{3}{5}$

(4) $\dfrac{1}{4} \times 1.2 \div \dfrac{3}{8}$

(5) $27 \times \left(\dfrac{5}{21} + \dfrac{3}{7}\right)$

(6) $2\dfrac{1}{2} + 1.2 \times 1\dfrac{1}{4}$

(7) $23 + (-9) - (-13)$

(8) $(-1)^3 + (-3)^2$

(9) $41x - 9 - (22x - 15)$

(10) $0.3(7x - 2) + 0.4(x + 5)$

(11) $2(x + 3y) - 5(2x - y)$

(12) $\dfrac{2x - y}{3} - \dfrac{x + 3y}{2}$

(13) $3x^2 y \times (-8xy)$

(14) $64x^2 y^2 \div 8x^2 y \times 2x$

2 次の比をもっとも簡単な整数の比にしなさい。

(15) $63 : 27$

(16) $\dfrac{3}{5} : \dfrac{1}{2}$

3 $x=2$ のとき，次の式の値を求めなさい。

(17)　$3x+15$

(18)　$-3x^2+27$

4 次の方程式を解きなさい。

(19)　$2x-13=6x+7$

(20)　$\dfrac{x-9}{2}+\dfrac{3x+1}{4}=2$

5 次の連立方程式を解きなさい。

(21)　$\begin{cases} 4x+3y=5 \\ 2x-y=-5 \end{cases}$

(22)　$\begin{cases} y=2x-7 \\ 5x+2y=4 \end{cases}$

6 次の問いに答えなさい。

(23)　y は x に比例し，$x=-12$ のとき $y=8$ です。$x=15$ のときの y の値を求めなさい。

(24)　赤色，白色，青色，黄色の 4 色から 2 色を選ぶとき，選び方は何通りありますか。

(25) 下のデータについて，範囲を求めなさい。

2, 5, 6, 7, 7, 10, 15, 16, 16, 17

(26) 右の図で，三角形DEFが三角形ABCの3倍の拡大図になるように，点Dの位置を決めます。点Dとなる点はどれですか。ア〜エの中から1つ選びなさい。

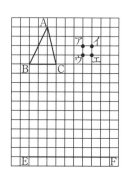

(27) 等式 $5x - 7y = 3$ を y について解きなさい。

(28) 1次関数 $y = ax + 6$ のグラフが点 $(-2, 0)$ を通るとき，a の値を求めなさい。

(29) 正十五角形の1つの内角の大きさを求めなさい。

(30) 右の図で $\ell /\!/ m$ のとき，$\angle x$ の大きさを求めなさい。

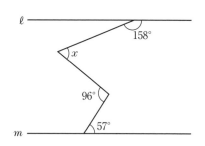

実用数学技能検定

第1回　予想模擬検定

２次：数理技能検定

問　題

─────── 検定上の注意 ───────

1．検定時間は**60分**です。

2．**電卓**を使用することができます。

3．答えが分数になるとき，約分してもっとも簡単な分数にしてください。

合格ライン	得点
12 /20	/20

2次：数理技能検定

1 まきこさんの学校の女子の生徒数は192人で，男子と女子の生徒数の比は9：8です。次の問いに答えなさい。

(1) 男子の生徒数は何人ですか。

(2) 男子で，部活動をしている人としていない人の生徒数の比は23：4です。部活動をしている男子の生徒数は何人ですか。

2 さなえさんの家で飼っている犬の体重は$3\frac{3}{5}$kgです。次の問いに答えなさい。

(3) たかしさんの家で飼っている犬の体重は，さなえさんの家で飼っている犬の体重の$3\frac{1}{3}$倍にあたります。たかしさんの家で飼っている犬の体重は何kgですか。

(4) なおみさんの家で飼っている猫の体重は$5\frac{1}{7}$kgです。さなえさんの家で飼っている犬の体重は，なおみさんの家で飼っている猫の体重の何倍ですか。

3 ⓪，①，②，③のカードが1枚ずつあり，これから2枚取り出して2けたの整数をつくります。次の問いに答えなさい。

(5) 整数は全部で何通りできますか。

(6) (5)の整数の中で，3の倍数は何通りありますか。

4 　下の表は，A，B，C，D，E，Fの6人の身長について，クラスの平均身長より高いものは正の数で，低いものは負の数で表したものです。クラスの平均身長が158cmのとき，次の問いに単位をつけて答えなさい。

生徒	A	B	C	D	E	F
平均との差（cm）	− 6	+ 3	+ 13	− 8	− 5	+ 9

(7)　Aさんの身長は何cmですか。

(8)　身長がもっとも高い人ともっとも低い人の差は何cmですか。

(9)　この6人の平均身長は何cmですか。

5 　右の図のような，AB=3cm，BC=2cmである長方形があります。辺ABを軸として1回転させてできる立体について，次の問いに答えなさい。

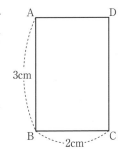

(10)　どんな立体ができますか。もっとも適切な名前で答えなさい。

(11)　できる立体の体積は何cm³ですか。単位をつけて答えなさい。ただし，円周率はπとします。

6 　ゆたかさんは，1冊70円のノートと1冊90円のノートを合わせて20冊買って，代金として1580円払いました。次の問いに答えなさい。

(12)　1冊70円のノートを x 冊，1冊90円のノートを y 冊買ったとして，上の関係を連立方程式で表しなさい。

(13)　ゆたかさんが買った1冊70円のノートと1冊90円のノートはそれぞれ何冊ですか。この問題は，計算の途中の式と答えを書きなさい。

7 右の度数分布表は，ある中学校の2年A組の生徒が，1か月間に何冊の本を読んだかを調査し，まとめたものです。次の問いに答えなさい。

階級 （冊）	度数(人)	相対度数
0 ^{以上}～ 5 ^{未満}	10	0.25
5 ～10	12	b
10 ～15	8	0.20
15 ～20	c	0.15
20 ～25	2	0.05
25 ～30	2	0.05
合計	a	1.00

(14) 10冊以上15冊未満の階級までの累積度数は何人ですか。

(15) 表の a, b, c にあてはまる数を求めなさい。

8 右の図のように，△ABCの辺BCの中点をMとし，点B，Cから直線AMに引いた垂線をそれぞれBD，CEとします。このとき，MD＝MEであることを，三角形の合同を用いて，もっとも簡潔な手順で証明します。次の問いに答えなさい。

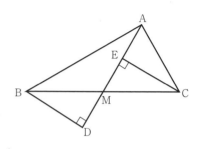

(16) どの三角形とどの三角形が合同であることを示せばよいですか。

(17) (16)のときの合同条件を言葉で書きなさい。証明する必要はありません。

9 右の図の四角形ABCDは平行四辺形で，直線ABの式は $y=-2x+4$ です。点Cの x 座標が8のとき，次の問いに答えなさい。

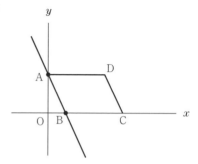

(18) 点Dの座標を求めなさい。

(19) 直線CDの式を求めなさい。

(20) 点Dを通り，△BCDの面積を2等分する直線の式を求めなさい。

実用数学技能検定

第2回　予想模擬検定

1次：計算技能検定
問　題

———— 検定上の注意 ————

1．検定時間は50分です。

2．**電卓・ものさし・コンパス**を使用することはできません。

3．答えが分数になるとき，約分してもっとも簡単な分数にしてください。

合格ライン	得点
21 ⁄30	⁄30

1 次 : 計算技能検定

1 次の計算をしなさい。

(1) $1\dfrac{5}{9} \times \dfrac{3}{7}$

(2) $2\dfrac{3}{4} \div \dfrac{11}{12}$

(3) $\dfrac{5}{6} \times \dfrac{3}{10} \div \dfrac{7}{8}$

(4) $3\dfrac{1}{2} \div 0.7 \times \dfrac{2}{15}$

(5) $24 \times \left(\dfrac{4}{5} - \dfrac{2}{15}\right)$

(6) $1\dfrac{1}{15} \div 3.2 + \dfrac{1}{3}$

(7) $37 - (-11) + (-29)$

(8) $-2^3 + (-1)^2$

(9) $33x + 16 - (-15x + 20)$

(10) $0.6(3x + 4) + 0.5(2x - 9)$

(11) $8(2x - 3y) - 5(3x - y)$

(12) $\dfrac{x + 3y}{4} - \dfrac{3x - 5y}{8}$

(13) $-6xy \times 9xy^2$

(14) $48x^2y^2 \div 24x \times 3xy$

2 次の比をもっとも簡単な整数の比にしなさい。

(15) $56 : 42$

(16) $\dfrac{7}{18} : \dfrac{5}{12}$

3 $x=4$ のとき，次の式の値を求めなさい。

(17) $3x+11$

(18) $-\dfrac{208}{x}$

4 次の方程式を解きなさい。

(19) $3x=12-(5x+4)$

(20) $\dfrac{2x+1}{3}-\dfrac{3x-2}{5}=1$

5 次の連立方程式を解きなさい。

(21) $\begin{cases} 5x+7y=9 \\ x-2y=12 \end{cases}$

(22) $\begin{cases} 3x+2y=1 \\ y=5x+7 \end{cases}$

6 次の問いに答えなさい。

(23) y は x に反比例し，$x=-8$ のとき $y=-3$ です。y を x を用いて表しなさい。

(24) A，B，C，D の 4 人の候補者から，書記と会計を決めるとき，決め方は全部で何通りありますか。

(25) 右の度数分布表において，階級の幅は
何cmですか。

立ち幅とびの記録

階級（cm）	度数（人）
120^{以上}〜150^{未満}	3
150　〜180	8
180　〜210	9
210　〜240	4
合計	24

(26) 右の図は直線 AB を対称の軸とする線対
称な図形の一部です。この図形が線対称な図
形となるように，もう1つの頂点の位置を決
めます。頂点となる点はどれですか。ア〜エ
の中から1つ選びなさい。

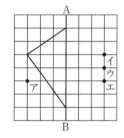

(27) 等式 $2a - 5b - 7 = 0$ を b について解きなさい。

(28) 1次関数 $y = ax + 9$ のグラフが点 $(2, 3)$ を通るとき，a の値を求
めなさい。

(29) 正十二角形の1つの外角の大きさを求めなさい。

(30) 右の図で，$\ell /\!/ m$ のとき，
$\angle x$ の大きさを求めなさい。

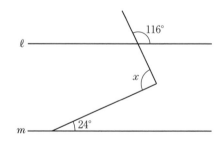

実用数学技能検定

第2回　予想模擬検定

2次：数理技能検定
問　題

合格ライン	得点
12 /20	/20

2次：数理技能検定

1 赤いひもの長さは $\frac{14}{15}$ mです。次の問いに答えなさい。

(1) 青いひもの長さは $\frac{7}{20}$ mです。青いひもの長さは赤いひもの長さの何倍ですか。

(2) 赤いひもの長さは白いひもの長さの $\frac{5}{6}$ 倍です。白いひもの長さは何mですか。

2 下の3つの立体について，次の問いに答えなさい。

(3) 三角柱について，辺ABとねじれの位置にある辺をすべて答えなさい。

(4) 底面の半径が3cmで高さが7cmの円錐について，体積を求めなさい。

(5) 半径6cmの球について，表面積を求めなさい。

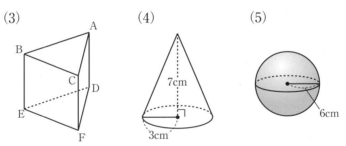

(3)   (4)   (5)

3 A，B，C，D，Eの5チームがどのチームとも1回ずつサッカーの試合をするとき，次の問いに答えなさい。

(6) Aは何回試合を行いますか。

(7) 試合の組み合わせは全部で何通りありますか。

4 　歯数が12で毎秒3回転する歯車に，歯数が x で毎秒 y 回転する歯車がかみ合っています。次の問いに答えなさい。

(8) 　y を x の式で表しなさい。

(9) 　$x = 18$ のときの y の値を求めなさい。

(10) 　$y = 9$ のときの x の値を求めなさい。

5 　n を整数とします。連続する3つの奇数のうち，もっとも小さい奇数を $2n+1$ として次の問いに答えなさい。

(11) 　連続する3つの奇数を，小さい順にそれぞれ n を用いて表しなさい。

(12) 　連続する3つの奇数の和に6を加えた数は，もっとも大きい奇数の3倍であることを，n を用いて説明しなさい。

6 　下の表は，A, B, C, D, E の5人の数学のテストの得点について，クラスの平均点より高いものは正の数で，低いものは負の数で表したものです。

生　徒	A	B	C	D	E
平均点との差（点）	− 9	+ 3	+ 17	+ 1	− 2

次の問いに答えなさい。

(13) 　Dの得点はAの得点より何点高いですか。

(14) 　Eの得点が69点のとき，この5人の平均点を求めなさい。

7 右の図で直線AB，ACは，それぞれ $y=4x+16$, $y=-x+6$ で，B $(-4, 0)$，C $(6, 0)$ です。次の問いに答えなさい。

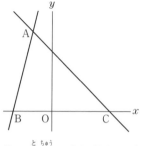

(15) 点Aの座標を求めなさい。

(16) 点Aを通り，△ABCの面積を 2 等分する直線の式を求めなさい。この問題は，計算の途中の式と答えを書きなさい。

8 右の図のように，平行四辺形ABCDの∠B，∠Dの二等分線と辺AD，BCとの交点をそれぞれE，Fとします。BE＝DFであることを，三角形の合同を用いて，もっとも簡潔な手順で証明します。次の問いに答えなさい。

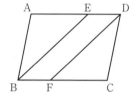

(17) どの三角形とどの三角形が合同であることを示せばよいですか。

(18) (17)のときの合同条件を言葉で書きなさい。証明する必要はありません。

9 ある職場の従業員80人の通勤時間を調査して，右の度数分布表にまとめました。次の問いに答えなさい。

通勤時間(分)	度数(人)
0以上～20未満	13
20　～40	28
40　～60	32
60　～80	7
合計	80

(19) 最頻値を求めなさい。

(20) 中央値を含む階級の相対度数を求めなさい。

第4章

過去問題

この章の内容

近年実施された実用数学技能検定で実際に出題された問題を収録しています。本番を意識して，時間配分に注意しながら解いてみましょう。

実用数学技能検定

過去問題

1次：計算技能検定
問　題

合格ライン	得点
21/30	/30

1次：計算技能検定

1 次の計算をしなさい。

(1) $\dfrac{9}{35} \times \dfrac{5}{27}$

(2) $\dfrac{8}{39} \div \dfrac{12}{13}$

(3) $\dfrac{2}{45} \times \dfrac{3}{8} \div \dfrac{1}{6}$

(4) $\dfrac{6}{13} \times \left(\dfrac{5}{6} - \dfrac{1}{2} \right)$

(5) $4\dfrac{9}{10} \div \dfrac{7}{15} \times 1.6$

(6) $1.75 + \dfrac{3}{4} \div 0.4$

(7) $-3 - (-7) + (-6)$

(8) $(-3)^3 - 4^2$

(9) $9x + 6 - (-x + 3)$

(10) $0.9(8x - 7) + 0.6(2x - 5)$

(11) $8(2x - 3y) - (9x - 4y)$

(12) $\dfrac{x-y}{3} + \dfrac{4x-y}{6}$

(13) $7x^2 y^3 \times (-9xy^2)$

(14) $-39xy^2 \div (-13x^3 y) \times 4x^2 y$

2 次の比をもっとも簡単な整数の比にしなさい。

(15) 30 : 75

(16) $\dfrac{3}{4} : \dfrac{5}{6}$

3 $x = -8$ のとき，次の式の値を求めなさい。

(17) $5x + 23$

(18) x^2

4 次の方程式を解きなさい。

(19) $x - 12 = 6x + 3$

(20) $\dfrac{x-6}{2} = \dfrac{4x-14}{3}$

5 次の連立方程式を解きなさい。

(21) $\begin{cases} -5x + 9y = 3 \\ -3x + 13y = 17 \end{cases}$

(22) $\begin{cases} y = -2x + 4 \\ y = x - 14 \end{cases}$

6 次の問いに答えなさい。

(23) 右の図で，四角形EFGHが四角形ABCDの2倍の拡大図になるように，点Eの位置を決めます。点Eとなる点はどれですか。ア～エの中から1つ選びなさい。

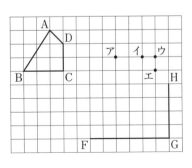

(24) 3人の中から職員室へプリントを届ける人を2人選びます。選び方は全部で何通りありますか。

(25) yはxに比例し、$x = 6$のとき$y = -24$です。yをxを用いて表しなさい。

(26) 下のデータについて、範囲を求めなさい。

2, 3, 3, 4, 7, 10

(27) 等式$8x + 9y = 15$をyについて解きなさい。

(28) 1次関数$y = ax + 4$のグラフが点$(4, 12)$を通るとき、aの値を求めなさい。

(29) 正十角形の1つの内角の大きさは何度ですか。

(30) 右の図で、$\ell // m$のとき、$\angle x$の大きさは何度ですか。

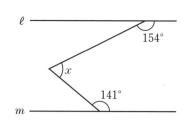

実用数学技能検定

過去問題

２次：数理技能検定
問　題

合格ライン	得点
12 ⟋20	⟋20

2次：数理技能検定

1 次の問いに答えなさい。

(1) x kmの道のりを走ります。1.5km走ったあとの残りの道のりを y kmとするとき，x と y の関係を式に表しなさい。 （表現技能）

(2) $x+50=y$ で表される数量の関係はどれですか。下の①〜④の中から1つ選びなさい。

① x 人いた運動場から50人が帰ると，運動場に残っている人数は y 人となる。

② x mLの水を50mLずつコップに分けると，水が入ったコップの個数は y 個となる。

③ 1個 x gのチョコレートを50個用意すると，チョコレート全部の重さは y gとなる。

④ 英語を x 分，国語を50分勉強すると，英語と国語を勉強した時間の合計は y 分となる。

2 下の立体の体積は，それぞれ何cm³ですか。単位をつけて答えなさい。 （測定技能）

(3) 底面積が65cm²の六角柱　　(4) 三角柱

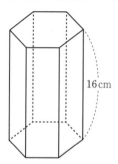

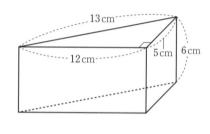

214

3 あるラーメン屋では，麺の硬さを3種類(硬い，普通，軟らかい)から1つ選び，スープの辛さを4段階 (とても辛い，辛い，少し辛い，辛くない)から1つ選んで注文します。次の問いに答えなさい。

(5) ラーメンを注文するとき，麺の硬さとスープの辛さの組み合わせは，全部で何通りありますか。

(6) 麺の量についても2種類 (普通，大盛) から1つ選ぶことができるようになりました。このとき，麺の硬さとスープの辛さと麺の量の組み合わせは，全部で何通りありますか。

4 下の7つの数について，次の問いに答えなさい。

$$1, \quad -1, \quad 0, \quad -4, \quad 3, \quad -1.5, \quad \frac{2}{3}$$

(7) 絶対値がもっとも大きい数を答えなさい。

(8) 異なる2つの数を選んでその差を求めるとき，差の最大値はいくつですか。

(9) 異なる2つの数を選んでその積を求めるとき，積の最大値はいくつですか。

5 下の表は，y が x に反比例する関係を表しています。次の問いに答えなさい。

x	$\cdots$	-3	-2	-1	0	1	2	$\cdots$
y	$\cdots$	ア	-12	-24	$\times$	24	12	$\cdots$

(10) 表のアにあてはまる数を求めなさい。

(11) y を x を用いて表しなさい。 （表現技能）

(12) $x = -40$ のときの y の値を求めなさい。

6 なおとさんは，1個160円の大福と1個90円のおはぎを何個か買い，代金として1570円払いました。なおとさんが買った大福の個数を x 個，おはぎの個数を y 個として，次の問いに答えなさい。ただし，消費税は値段に含まれているので，考える必要はありません。

(13) 払った代金について，x，y を用いた方程式をつくりなさい。

（表現技能）

(14) なおとさんは，大福とおはぎを合わせて12個買いました。なおとさんが買った大福の個数とおはぎの個数は，それぞれ何個ですか。x，y を用いた連立方程式をつくり，それを解いて求めなさい。この問題は，計算の途中の式と答えを書きなさい。

7 次の問いに答えなさい。　　　　　　　　　　（表現技能）

(15) y が x の1次関数で，そのグラフが y 軸と点(0, 5)で交わり，傾きが $\dfrac{3}{4}$ の直線であるとき，y を x を用いて表しなさい。

(16) 方程式 $4x-12=0$ のグラフを，ものさしを使ってかきなさい。

8 六角形ABCDEFがあります。6つの内角のうち，5つの内角の大きさが

　　　　∠ABC＝105°，∠BCD＝75°，∠CDE＝140°，∠DEF＝140°，

　　　　∠EFA＝90°

であるとき，次の問いに答えなさい。

(17) ∠FABの大きさは何度ですか。単位をつけて答えなさい。

(18) 六角形ABCDEFにおいて，平行な辺の組はありますか。あれば，その2つの辺が平行であることを，記号 // を用いて表しなさい。なければ，「なし」と書きなさい。

9 図1は，1辺が1cmの正方形①と②を，辺が重なるようにかいた長方形です。

まず，①と②を合わせた長方形の長いほうの辺を1辺とする正方形を図2のようにかき，その正方形を③とします。

次に，①，②，③を合わせた長方形の長いほうの辺を1辺とする正方形を図3のようにかき，その正方形を④とします。

このように，正方形を合わせてできる長方形の長いほうの辺を1辺とする正方形をかく操作を繰り返し，それらの正方形を⑤，⑥，⑦，…とします。ただし，長方形の長いほうの辺が横の辺であるときは正方形を下に，縦の辺であるときは右にかくものとします。次の問いに答えなさい。

（整理技能）

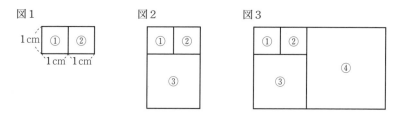

図1　図2　図3

(19)　正方形⑧の1辺の長さは何cmですか。

(20)　正方形①から⑩までの10個の正方形の面積の和は何cm²ですか。

• • Memo • •

- 法改正・正誤等の情報につきましては，下記「ユーキャンの本」ウェブサイト内「追補（法改正・正誤）」をご覧ください。
  https://www.u-can.co.jp/book/information
- 本書の内容についてお気づきの点は
  ・「ユーキャンの本」ウェブサイト内「よくあるご質問」をご参照ください。
  https://www.u-can.co.jp/book/faq
  ・郵送・FAXでのお問い合わせをご希望の方は，書名・発行年月日・お客様のお名前・ご住所・FAX番号をお書き添えの上，下記までご連絡ください。

  【郵送】〒169-8682 東京都新宿北郵便局 郵便私書箱第2005号
  　　　　ユーキャン学び出版 数学検定資格書籍編集部
  【FAX】03-3378-2232

  ◎より詳しい解説や解答方法についてのお問い合わせ，他社の書籍の記載内容等に関しては回答いたしかねます。
- お電話でのお問い合わせ・質問指導は行っておりません。

ユーキャンの数学検定4級 ステップアップ問題集 第4版

2008年 7 月10日 初　　版　第1刷発行	編 者	ユーキャン数学検定試験研究会
2009年11月10日 第 2 版　　第1刷発行	発行者	品川泰一
2013年 1 月25日 第2版・新装版 第1刷発行	発行所	株式会社 ユーキャン 学び出版
2017年 6 月30日 第 3 版　　第1刷発行		〒151-0053
2023年 5 月 2 日 第 4 版　　第1刷発行		東京都渋谷区代々木1-11-1
		Tel 03-3378-2226

編集協力 株式会社 エディット

発売元　株式会社 自由国民社
　　　　〒171-0033
　　　　東京都豊島区高田3-10-11
　　　　Tel 03-6233-0781（営業部）

印刷・製本　カワセ印刷株式会社

ユーキャンの数学検定　4級
『ステップアップ問題集』

予想模擬
過去問題

解答・解説

☞は関連する内容への参照ページを示しています。
復習の際に利用しましょう。
（総合的な問題では省略しています）

1次：計算技能検定 〉解答と解説

1

(1) 〈**数の計算と比**〉 ☞ 本冊P20 POINT3

$$2\frac{2}{3} \times \frac{9}{16}$$

帯分数を仮分数に直す。

$$= \frac{8}{3} \times \frac{9}{16}$$

分母どうし，分子どうしをかける。

$$= \frac{\overset{1}{8} \times \overset{3}{9}}{\underset{1}{3} \times \underset{2}{16}}$$

約分する。

$$= \underline{\frac{3}{2}}$$

(2) 〈**数の計算と比**〉 ☞ 本冊P19 POINT2, P20 POINT3

$$3\frac{1}{5} \div \frac{8}{15}$$

帯分数を仮分数に直す。

$$= \frac{16}{5} \div \frac{8}{15}$$

わる数の逆数をかける。

$$= \frac{16}{5} \times \frac{15}{8}$$

分母どうし，分子どうしをかける。

$$= \frac{\overset{2}{16} \times \overset{3}{15}}{\underset{1}{5} \times \underset{1}{8}}$$

約分する。

$$= \underline{6}$$

(3) 〈**数の計算と比**〉 ☞ 本冊P19 POINT2

$$\frac{7}{10} \times \frac{9}{14} \div \frac{3}{5}$$

わる数を逆数にして，かけ算だけの式に直す。

$$= \frac{7}{10} \times \frac{9}{14} \times \frac{5}{3}$$

分母どうし，分子どうしをかける。

$$= \frac{\overset{1}{7} \times \overset{3}{9} \times \overset{1}{5}}{\underset{2}{10} \times \underset{2}{14} \times \underset{1}{3}}$$

約分する。

$$= \underline{\frac{3}{4}}$$

(4) 〈**数の計算と比**〉 ☞ 本冊P19 POINT2, P20 POINT3

$$\frac{1}{4} \times 1.2 \div \frac{3}{8}$$

小数を分数に直す。

$$= \frac{1}{4} \times \frac{12}{10} \div \frac{3}{8}$$

わる数を逆数にして，かけ算だけの式に直す。

$$= \frac{1}{4} \times \frac{12}{10} \times \frac{8}{3}$$

分母どうし，分子どうしをかける。

$$= \frac{1 \times \overset{4}{\cancel{12}} \times \overset{2}{\cancel{8}}}{\underset{1}{\cancel{4}} \times \underset{5}{\cancel{10}} \times \underset{1}{\cancel{3}}}$$

約分する。

$$= \underline{\frac{4}{5}}$$

(5) 〈**数の計算と比**〉 ☞ 本冊P18 POINT1

$$27 \times \left(\frac{5}{21} + \frac{3}{7} \right)$$

かっこの中を通分する。

$$= 27 \times \left(\frac{5}{21} + \frac{9}{21} \right)$$

$$= \overset{9}{\cancel{27}} \times \frac{\overset{2}{\cancel{14}}}{\underset{3\quad 1}{\cancel{21}}}$$

約分して計算する。

$$= \underline{18}$$

(6) 〈**数の計算と比**〉 ☞ 本冊P20 POINT3

$$2\frac{1}{2} + 1.2 \times 1\frac{1}{4}$$

帯分数と小数を仮分数に直す。

$$= \frac{5}{2} + \frac{\overset{3}{\cancel{12}}}{\underset{2}{\cancel{10}}} \times \frac{\overset{1}{\cancel{5}}}{\underset{1}{\cancel{4}}}$$

約分する。

$$= \frac{5}{2} + \frac{3}{2}$$

$$= \frac{\overset{4}{\cancel{8}}}{\underset{1}{\cancel{2}}}$$

約分する。

$$= \underline{4}$$

(7) 〈**数の計算と比**〉 ☞ 本冊P21 POINT4

$23 + (-9) - (-13)$

$= 23 \; \boxed{-9} \; \boxed{+13}$ ⟶ 符号に注意して（ ）をはずす。

$= 36 - 9 = \underline{\textbf{27}}$ ⟶ 正の項の和を求める。

(8) 〈**数の計算と比**〉 ☞ 本冊P22 POINT5, P23 POINT6

$(-1)^3 + (-3)^2$

$= (-1) \times (-1) \times (-1) + (-3) \times (-3)$ ⟶ 乗法を計算する。

$= -1 + 9 = \underline{\textbf{8}}$

(9) 〈**文字式の計算**〉 ☞ 本冊P40 POINT1

$41x - 9 - (22x - 15)$

$= 41x - 9 - 22x + 15$ ⟵ 符号に注意して（ ）をはずす。

$= 41x - 22x - 9 + 15$

$= (41 - 22)x + (-9 + 15)$ ⟵ 文字の項，数の項をまとめる。

$= \underline{\textbf{19}\boldsymbol{x} + \textbf{6}}$

(10) 〈**文字式の計算**〉 ☞ 本冊P41 POINT2

$0.3(7x - 2) + 0.4(x + 5)$

$= 2.1x - 0.6 + 0.4x + 2$ ⟵ 分配法則を使って（ ）をはずす。

$= (2.1 + 0.4)x + (-0.6 + 2)$ ⟵ 文字の項，数の項をまとめる。

$= \underline{\textbf{2.5}\boldsymbol{x} + \textbf{1.4}}$

(11) 〈**文字式の計算**〉 ☞ 本冊P41 POINT2

$2(x + 3y) - 5(2x - y)$

$= 2x + 6y - 10x + 5y$ ⟵ 分配法則を使って（ ）をはずす。

$= (2 - 10)x + (6 + 5)y$ ⟵ 同類項をまとめる。

$= \underline{\textbf{−8}\boldsymbol{x} + \textbf{11}\boldsymbol{y}}$

(12) 〈**文字式の計算**〉 ☞ 本冊P42 POINT3

$$\frac{2x-y}{3} - \frac{x+3y}{2}$$

$$= \frac{2(2x-y)}{6} - \frac{3(x+3y)}{6}$$

分母の最小公倍数の6で通分する。

$$= \frac{4x-2y}{6} - \frac{3x+9y}{6}$$

$$= \frac{4x-2y-(3x+9y)}{6}$$

分子をひくとき( )をつける。

$$= \frac{4x-2y-3x-9y}{6}$$

かっこをはずす。

$$= \underline{\frac{x-11y}{6}}$$

同類項をまとめる。

(13) 〈**文字式の計算**〉 ☞ 本冊P43 POINT4

$$3x^2y \times (-8xy)$$

$$= 3 \times (-8) \times x^2y \times xy$$

数どうし，文字どうしをそれぞれ計算する。

$$= -24 \times x^3y^2$$

$$= \underline{-24x^3y^2}$$

(14) 〈**文字式の計算**〉 ☞ 本冊P43 POINT4

$$64x^2y^2 \div 8x^2y \times 2x$$

$$= 64x^2y^2 \times \frac{1}{8x^2y} \times 2x$$

逆数をかける。

$$= \frac{\overset{8}{64}x^2y^2 \times 2x}{\underset{1}{8x^2y}}$$

約分する。

$$= \underline{16xy}$$

$\boxed{2}$

(15) 〈**数の計算と比**〉 ☞ 本冊P23 POINT7

$63 : 27$

$= (63 \div \boxed{9}) : (27 \div \boxed{9})$ ← 最大公約数の $\boxed{9}$ でわる。

$= \underline{7 : 3}$

(16) 〈**数の計算と比**〉 ☞ 本冊P23 POINT7

$\dfrac{3}{5} : \dfrac{1}{2}$

$= \left(\dfrac{3}{5} \times \overset{2}{\boxed{10}}\right) : \left(\dfrac{1}{2} \times \overset{5}{\boxed{10}}\right)$ ← 分母の最小公倍数の $\boxed{10}$ をかける。

$= \underline{6 : 5}$

$\boxed{3}$

(17) 〈**文字式の計算**〉 ☞ 本冊P44 POINT5

$3\boxed{x} + 15$

$= 3 \times \boxed{2} + 15$

$= 6 + 15$

$= \underline{21}$

(18) 〈**文字式の計算**〉 ☞ 本冊P44 POINT5

$-3\boxed{x}^2 + 27$

$= -3 \times \boxed{2}^2 + 27$

$= -12 + 27$

$= \underline{15}$

4

(19) 〈**1次方程式**〉 ☞ 本冊P54 POINT1

$$2x - 13 = 6x + 7$$

x の項を左辺へ，数の項を右辺へ移項する。

$$2x - 6x = 7 + 13$$

$ax = b$ の形に整理する。

$$-4x = 20$$

両辺を -4 でわる。

$$\underline{\boldsymbol{x = -5}}$$

(20) 〈**1次方程式**〉 ☞ 本冊P55 POINT2

$$\frac{x-9}{2} + \frac{3x+1}{4} = 2$$

両辺に 2 と 4 の最小公倍数の 4 をかける。

$$\frac{x-9}{2} \times 4 + \frac{3x+1}{4} \times 4 = 2 \times 4$$

（ ）をつけて計算する。

$$2(x-9) + 3x + 1 = 8$$

かっこをはずす。

$$2x - 18 + 3x + 1 = 8$$

移項する。

$$2x + 3x = 8 + 18 - 1$$

$$5x = 25$$

両辺を 5 でわる。

$$\underline{\boldsymbol{x = 5}}$$

5

(21) 〈**連立方程式**〉 ☞ 本冊P62 POINT1

$$\begin{cases} 4x + 3y = 5 & \cdots ① \\ 2x - y = -5 & \cdots ② \end{cases}$$

②×2 より，

$$4x - 2y = -10 \cdots ②'$$

①－②' より，x を消去する。

$$\begin{array}{r} 4x + 3y = 5 \\ -)\ 4x - 2y = -10 \\ \hline 5y = 15 \end{array}$$

x の係数の絶対値をそろえて，x を消去する。

両辺を 5 でわる。

$$y = 3$$

$y=3$ を②に代入して,

$$2x-3=-5$$
$$2x=-2$$ ┐ 移項する。
$$x=-1$$ ← 両辺を2でわる。

よって, $\begin{cases} x=-1 \\ y=3 \end{cases}$

(22) 〈連立方程式〉 ☞ 本冊P63 POINT2

$$\begin{cases} y= \boxed{2x-7} \quad \cdots ① \\ 5x+2\,\boxed{y}=4\cdots② \end{cases}$$

①を②に代入する。

$$5x+2(2x-7)=4 \quad \leftarrow y を消去する。$$
$$5x+4x-14=4$$
$$9x=18$$ ┐ 移項する。
$$x=2$$ ┘ 両辺を9でわる。

$x=2$ を①に代入して,

$$y=2×2-7=-3$$

よって, $\begin{cases} x=2 \\ y=-3 \end{cases}$

6

(23) 〈比例と反比例〉 ☞ 本冊P70 POINT

y は x に比例するので, $y=ax$ (a は比例定数)と表せる。

$x=-12$ のとき $y=8$ だから,

$$8=-12a$$
$$a=-\frac{2}{3}$$

したがって, $y=-\dfrac{2}{3}x$ となり, $x=15$ を代入して,

$$y=-\frac{2}{3}×15=-10$$

$$y=-10$$

(24)〈**場合の数**〉 ☞ 本冊P100 POINT

赤色，白色，青色，黄色の4色から2色を選ぶ組み合わせ方の樹形図は下のようになる。

$$
赤 \begin{cases} 白 \\ 青 \\ 黄 \end{cases} \qquad 白 \begin{cases} 青 \\ 黄 \end{cases} \qquad 青 — 黄
$$

6通り

(25)〈**データの分布**〉 ☞ 本冊P96 POINT

最大値が17で最小値が2だから，（分布の）範囲は，

17－2＝**15**

(26)〈**拡大図と縮図・対称な図形**〉 ☞ 本冊P82 POINT1

点Bから点Aは，右に2目もり，上に4目もりだから，3倍の長さになるように，点Eから右に6目もり，上に12目もりの位置に点Dをかき入れる。右図より点Dとなる点は**ア**である。

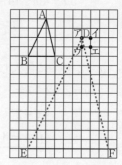

(27) 〈**文字式の計算**〉　☞ 本冊P45 Point6

$$5x - 7y = 3$$

$$-7y = -5x + 3 \quad \longleftarrow \quad \boxed{5x \text{ を移項する。}}$$

$$y = \frac{-5x + 3}{-7} \quad \longleftarrow \quad \boxed{\text{両辺を} -7 \text{でわる。}}$$

$$y = \frac{-(-5x + 3)}{7} \quad \longleftarrow \quad \boxed{\text{分子に（　）をつける。}}$$

$$y = \frac{5x - 3}{7} \quad \longleftarrow \quad \boxed{\text{符号に注意して（　）をはずす。}}$$

よって，$\boldsymbol{y = \dfrac{5x - 3}{7}}$

(28) 〈**1次関数**〉　☞ 本冊P76 Point1

$(-2,\ 0)$の x 座標 -2 を x に，y 座標 0 を y に代入する。

$$0 = a \times (-2) + 6$$

$$0 = -2a + 6$$

$$2a = 6$$

$$a = 3$$

よって，$\underline{\boldsymbol{a = 3}}$

(29)〈平行線と角・多角形の角〉 ☞ 本冊P89 POINT2

正十五角形の内角の和は,

$$180° × (15 - 2)$$ ← n 角形の内角の和 $180° × (n - 2)$ に
$n = 15$ を代入する。

$$= 180° × 13$$

$$= 2340°$$

正十五角形の15個の内角の大きさはすべて等しいから,

$$2340° ÷ 15$$ ← 15等分する。

$$= \underline{156°}$$

別解　正十五角形の15個の外角はすべて等しく, 多角形の外角の和は
360度だから, 1つの外角の大きさは,

$$360° ÷ 15$$

$$= 24°$$

よって, 正十五角形の1つの内角の大きさは,

$$180° - 24°$$ ← $180° - (1つの外角の大きさ)$

$$= \underline{156°}$$

(30)〈**平行線と角・多角形の角**〉 ☞ 本冊P88 POINT 1

右の図のように，点A，B，C，Dを定
める。

点Bを通って ℓ に平行な直線を引き，
ℓ' とする。また，点Cを通って m に
平行な直線を引き，m' とする。

右の図のように，$\angle a$，$\angle b$，$\angle c$，
$\angle d$，$\angle e$ とおくと，

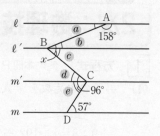

$$\angle a = 180° - 158°$$
$$= 22°$$

$\ell \parallel \ell'$ より，

$$\angle b = \angle a = 22° \quad \leftarrow 平行線の錯角は等しい。$$

$m \parallel m'$ より，

$$\angle e = 57° \qquad \leftarrow 平行線の錯角は等しい。$$

よって，

$$\angle d = 96° - \angle e$$
$$= 96° - 57°$$
$$= 39°$$

$\ell' \parallel m'$ より，

$$\angle c = \angle d = 39° \quad \leftarrow 平行線の錯角は等しい。$$

したがって，

$$\angle x = \angle b + \angle c$$
$$= 22° + 39°$$
$$= \underline{\underline{61°}}$$

1 〈**方程式**〉　☞ 本冊P112 POINT

(1) 男子の生徒数を x 人とすると，

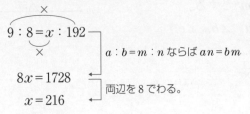

$$9 : 8 = x : 192$$

$a : b = m : n$ ならば $an = bm$

$$8x = 1728$$

両辺を8でわる。

$$x = 216$$

よって，**216人**

(2) 男子の生徒数全体と部活動をしている男子の生徒数の比は，

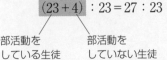

$$(23 + 4) : 23 = 27 : 23$$

部活動を
している生徒

部活動を
していない生徒

部活動をしている男子の生徒数を y 人とすると，

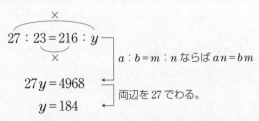

$$27 : 23 = 216 : y$$

$a : b = m : n$ ならば $an = bm$

$$27y = 4968$$

両辺を27でわる。

$$y = 184$$

よって，**184人**

2 〈**数の計算と比**〉　☞ 本冊P19 POINT2, P20 POINT3

(3) 「たかしさんの犬の体重は，さなえさんの犬の体重の $3\frac{1}{3}$ 倍」

↑　　　　　　　　　　　　↑$3\frac{3}{5}$ kg　　　↑

比べられる量　＝　もとにする量　×　割合

比べられる量＝もとにする量×割合 より，

たかしさんの犬の体重は，

$$3\frac{3}{5} \times 3\frac{1}{3} = \frac{\overset{6}{\cancel{18}}}{\cancel{5}} \times \frac{\overset{2}{\cancel{10}}}{\cancel{3}} = \underline{12(\mathrm{kg})}$$

(4) 「さなえさんの犬の体重 は，なおみさんの猫の体重 の何倍」

　　　↑$3\frac{3}{5}$kg　　　　　　↑$5\frac{1}{7}$kg　　↑

　　比べられる量　＝　　もとにする量　×　割合

割合＝比べられる量÷もとにする量より，

$$3\frac{3}{5} \div 5\frac{1}{7} = \frac{18}{5} \div \frac{36}{7}$$

$$= \frac{18}{5} \times \frac{7}{\underset{2}{\overset{1}{\cancel{36}}}}$$

$$= \underline{\frac{7}{10}(倍)}$$

3 〈場合の数と確率〉　☞ 本冊P166 POINT1

(5)　2けたの整数のつくり方は，下の樹形図のようになる。

$$1 \begin{cases} 0 & (10) \\ 2 & (12) \\ 3 & (13) \end{cases} \quad 2 \begin{cases} 0 & (20) \\ 1 & (21) \\ 3 & (23) \end{cases} \quad 3 \begin{cases} 0 & (30) \\ 1 & (31) \\ 2 & (32) \end{cases}$$

　よって，できる整数は全部で**9通り**

(6)　3の倍数は，(5)の樹形図の〜〜〜のもの。

　よって，12，21，30の**3通り**

4 〈数の計算と比〉　☞ 本冊P21 POINT4

(7)　（Aさんの身長）－（クラスの平均身長）＝ －6 だから，

　Aさんの身長は，

　　（クラスの平均身長）－6

　＝158－6

　＝$\underline{152(\mathrm{cm})}$

(8)　身長がもっとも高い人　→　Cさんの +13cm

　　　身長がもっとも低い人　→　Dさんの -8cm

　　　よって，2人の身長の差は，

　　　　$(+13)-(-8)$

　　　　$=13\ +8$　　←　符号に注意して（　）をはずす。

　　　　$=\underline{\underline{21\ (\text{cm})}}$

(9)　「平均との差」の合計は，

　　　　$(-6)+(+3)+(+13)+(-8)+(-5)+(+9)$

　　　　$=-6+3+13-8-5+9$　　←　正の項の和，負の項の和をそれぞれ求める。

　　　　$=25-19$

　　　　$=6$

　　　よって，この6人の平均身長は，

　　　　（クラスの平均身長）+（「平均との差」の合計）÷6

　　　　$=158+6÷6$

　　　　$=158+1$

　　　　$=\underline{\underline{159\ (\text{cm})}}$

5　〈空間図形〉　☞ 本冊 P146 POINT

(10)　辺ABを軸として1回転させると，右の図
　　のような立体ができる。

　　　よって，この立体は，**円柱**

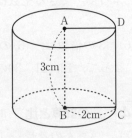

(11)　円柱の体積の求め方は，

　　　　（底面積）×（高さ）

　　　底面の円の半径は2cm，高さは3cmより，

　　　　$2×2×π×3$　　← 円の面積の求め方は，（半径）×（半径）× $π$

　　　　$=4π×3$
　　　　底面積 ┘　└ 高さ

　　　　$=\underline{\underline{12π\ (\text{cm}^3)}}$

6 〈方程式〉 ☞ 本冊 P112 POINT

(12) 1冊70円のノートと1冊90円のノートを合わせて20冊買ったから,
冊数についての方程式をつくると,

$$x + y = 20 \quad \cdots ①$$

1冊70円のノートx冊の代金は,

$$70 \times x = 70x \,(円) \quad \leftarrow (代金)=(単価)\times(冊数)$$

1冊90円のノートy冊の代金は,

$$90 \times y = 90y \,(円) \quad \leftarrow (代金)=(単価)\times(冊数)$$

代金の合計が1580円だから,代金についての方程式をつくると,

$$70x + 90y = 1580 \quad \cdots ②$$

これより,求める連立方程式は,

$$\begin{cases} \boldsymbol{x + y = 20} \\ \boldsymbol{70x + 90y = 1580} \end{cases}$$

(13) (12)より, $x + y = 20 \quad \cdots ①$
$$70x + 90y = 1580 \cdots ②$$

①×9より,

$$9x + 9y = 180 \cdots ①'$$

②÷10より,

$$7x + 9y = 158 \cdots ②'$$

①′ー②′より,yを消去する。

$$\begin{array}{r} 9x + \boxed{9y} = 180 \\ -)\ 7x + \boxed{9y} = 158 \\ \hline 2x \qquad = 22 \\ x \qquad = 11 \end{array}$$

yの係数の絶対値をそろえて,yを消去する。

両辺を2でわる。

$x = 11$を①に代入して,$11 + y = 20$

$$y = 9$$

これらの解は問題に合っている。

よって, <u>1冊70円のノート…11冊, 1冊90円のノート…9冊</u>

7 〈データの活用〉 ☞ 本冊 P158 POINT

(14) 最初の階級から10冊以上15冊未満の階級までの度数の合計が累積度
数だから，求める累積度数は，

$$10+12+8=30（人）$$

よって，**30人**

(15) 〔aの値〕

(相対度数) = (階級の度数) ÷ (度数の合計)

10冊以上15冊未満の階級の度数は 8 ，相対度数は 0.20 だから，

$$0.20 = 8 ÷ a$$　　わり算を分数の形に直す。

$$0.20 = \frac{8}{a}$$　　両辺にaをかける。

$$0.20a = 8$$　　両辺に 100 をかける。

$$20a = 800$$　　両辺を 20 でわる。

$$a = \underline{40}$$

〔bの値〕

(相対度数) = (階級の度数) ÷ (度数の合計)

5冊以上10冊未満の階級の度数は12，度数の合計は40だから，

$$b = 12 ÷ 40$$

$$= \underline{0.30}$$

〔cの値〕

(相対度数) = (階級の度数) ÷ (度数の合計)

15冊以上20冊未満の階級の相対度数は0.15，度数の合計は40だから，

$$0.15 = c ÷ 40$$

$$0.15 = \frac{c}{40}$$

$$c = \underline{6}$$

8 〈三角形の合同〉 ☞ 本冊 P140 POINT

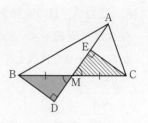

(16) MDとMEがそれぞれ含まれる△BDM
   と△CEMを考える。

   よって，__△BDMと△CEM__

(証明) △BDMと△CEMにおいて，Mは辺
   BCの中点だから，

   BM＝CM…①

   対頂角は等しいから，

   ∠BMD＝∠CME…②

   BD，CEは直線AMの垂線だから，

   ∠BDM＝∠CEM＝90°…③

①，②，③より，直角三角形の斜辺と1つの鋭角がそれぞれ等しいので，

   △BDM≡△CEM

合同な図形では，対応する辺の長さは等しいので，

   MD＝ME（証明終）

(17) (16)の証明より，その答えを求めることができる。

__直角三角形の斜辺と1つの鋭角がそれぞれ等しい__

9 〈関数〉　☞ 本冊 P124 POINT

(18)　2点A，Bの座標を求める。

点Aは，直線 $y=-2x+4$ と y 軸との交点だ
から，$x=0$ を代入して，

$$y=-2\times0+4$$
$$=4$$

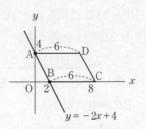

よって，A $(0,4)$

また，点Bは，直線 $y=-2x+4$ と x 軸との
交点だから，$y=0$ を代入して，

$$0=-2x+4$$
$$2x=4$$
$$x=2$$

よって，B $(2,0)$

四角形ABCDは平行四辺形だから，

$$AD=BC=8-2 ← 平行四辺形の向かい合う辺は等しい。$$
$$=6$$

点Dの y 座標は点Aの y 座標と等しいから，**D $(6,4)$**

(19)　求める直線の式を $y=ax+b$ とする。

点C $(8,0)$ を通るので，$x=8$，$y=0$ を代入して，

$$0=8a+b\cdots①$$

点D $(6,4)$ を通るので，$x=6$，$y=4$ を代入して，

$$4=6a+b\cdots②$$

①-②より，$2a=-4$ ← ①，②を連立方程式として解く。

$$a=-2$$

$a=-2$ を①に代入して，$0=8\times(-2)+b$

$$b=16$$

よって，直線CDの式は，

$$\underline{\boldsymbol{y=-2x+16}}$$

(20)　△BCDの面積を2等分する直線は，右

の図のように，線分BCの中点Pを通る。

点Pの座標は，

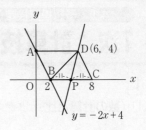

$$\left(\frac{2+8}{2},\ \frac{0+0}{2}\right)=(5,\ 0)$$

求める直線の式を$y=mx+n$とする。

点D$(6,\ 4)$を通るので，

$4=6m+n\cdots$①　　←$x=6,\ y=4$を代入する。

点P$(5,\ 0)$を通るので，

$0=5m+n\cdots$②　　←$x=5,\ y=0$を代入する。

①－②より，

$m=4$

$m=4$を①に代入して，

$4=6\times4+n$

$n=-20$

よって，求める直線の式は，

$y=4x-20$

1次：計算技能検定 〉解答と解説

1

(1) 〈数の計算と比〉　☞ 本冊P20 POINT3

$$1\frac{5}{9} \times \frac{3}{7}$$

帯分数を仮分数に直す。

$$= \frac{14}{9} \times \frac{3}{7}$$

分母どうし，分子どうしをかける。

$$= \frac{\overset{2}{\cancel{14}} \times \overset{1}{\cancel{3}}}{\underset{3}{\cancel{9}} \times \underset{1}{\cancel{7}}}$$

約分する。

$$= \frac{2}{3}$$

(2) 〈数の計算と比〉　☞ 本冊P19 POINT2, P20 POINT3

$$2\frac{3}{4} \div \frac{11}{12}$$

帯分数を仮分数に直す。

$$= \frac{11}{4} \div \frac{11}{12}$$

わる数の逆数をかける。

$$= \frac{11}{4} \times \frac{12}{11}$$

分母どうし，分子どうしをかける。

$$= \frac{\overset{1}{\cancel{11}} \times \overset{3}{\cancel{12}}}{\underset{1}{\cancel{4}} \times \underset{1}{\cancel{11}}}$$

約分する。

$$= \underline{3}$$

(3) 〈数の計算と比〉　☞ 本冊P19 POINT2

$$\frac{5}{6} \times \frac{3}{10} \div \frac{7}{8}$$

わる数を逆数にして，かけ算だけの式に直す。

$$= \frac{5}{6} \times \frac{3}{10} \times \frac{8}{7}$$

分母どうし，分子どうしをかける。

$$= \frac{\overset{1}{\cancel{5}} \times \overset{1}{\cancel{3}} \times \overset{2}{\cancel{8}}}{\underset{1}{\cancel{6}} \times \underset{1}{\cancel{10}} \times 7}$$

約分する。

$$= \frac{2}{7}$$

(4) 〈数の計算と比〉　☞ 本冊P19 POINT2, P20 POINT3

$$3\frac{1}{2} \div 0.7 \times \frac{2}{15}$$

帯分数を仮分数に直す。

$$= \frac{7}{2} \div \boxed{0.7} \times \frac{2}{15}$$

小数を分数に直す。

$$= \frac{7}{2} \div \boxed{\frac{7}{10}} \times \frac{2}{15}$$

わる数を逆数にして，かけ算だけの式に直す。

$$= \frac{7}{2} \times \frac{10}{7} \times \frac{2}{15}$$

分母どうし，分子どうしをかける。

$$= \frac{\overset{1}{\cancel{7}} \times \overset{2}{\cancel{10}} \times \overset{1}{\cancel{2}}}{\underset{1}{\cancel{2}} \times \underset{1}{\cancel{7}} \times \underset{3}{\cancel{15}}}$$

約分する。

$$= \underline{\frac{2}{3}}$$

(5) 〈数の計算と比〉　☞ 本冊P18 POINT1

$$24 \times \left(\frac{4}{5} - \frac{2}{15} \right)$$

かっこの中を通分する。

$$= 24 \times \left(\frac{12}{15} - \frac{2}{15} \right)$$

$$= \overset{8}{\cancel{24}} \times \frac{\overset{2}{\cancel{10}}}{\underset{3}{\cancel{15}}\,_1}$$

約分して計算する。

$$= \underline{16}$$

(6) 〈数の計算と比〉　☞ 本冊P20 POINT3

$$1\frac{1}{15} \div 3.2 + \frac{1}{3}$$

帯分数と小数を仮分数に直す。

$$= \frac{16}{15} \div \frac{32}{10} + \frac{1}{3}$$

わる数の逆数をかける。

$$= \frac{\overset{1}{\cancel{16}}}{\underset{3}{\cancel{15}}} \times \frac{\overset{5}{\cancel{10}}\,^1}{\underset{16}{\cancel{32}}\,_1} + \frac{1}{3}$$

約分する。

$$= \frac{1}{3} + \frac{1}{3} = \underline{\frac{2}{3}}$$

(7) 〈**数の計算と比**〉 ☞ 本冊P21 PoɪNT4

$$37 - (-11) + (-29)$$

$$= 37 \ \boxed{+11} \ \boxed{-29}$$ ← 符号に注意して（ ）をはずす。

← 正の項の和を求める。

$$= 48 - 29$$

$$= \underline{19}$$

(8) 〈**数の計算と比**〉 ☞ 本冊P22 PoɪNT5，P23 PoɪNT6

$$-2^3 + (-1)^2$$

$$= \boxed{-}(2 \times 2 \times 2) + (\boxed{-}1) \times (\boxed{-}1)$$ ← 乗法を計算する。

$$= \boxed{-}8 \ \boxed{+} 1$$

$$= \underline{-7}$$

(9) 〈**文字式の計算**〉 ☞ 本冊P40 PoɪNT1

$$33x + 16 - (-15x + 20)$$

$$= 33x + 16 + 15x - 20$$ ← 符号に注意して（ ）をはずす。

$$= 33x + 15x + 16 - 20$$

$$= (33 + 15)x + (16 - 20)$$ ← 文字の項，数の項をまとめる。

$$= \underline{48x - 4}$$

(10) 〈**文字式の計算**〉 ☞ 本冊P41 PoɪNT2

$$0.6(3x + 4) + 0.5(2x - 9)$$ ← 分配法則を使って（ ）をはずす。

$$= 1.8x + 2.4 + x - 4.5$$ ← 文字の項，数の項をまとめる。

$$= (1.8 + 1)x + (2.4 - 4.5)$$

$$= \underline{2.8x - 2.1}$$

(11) 〈**文字式の計算**〉 ☞ 本冊P41 POINT2

$$8(2x-3y)-5(3x-y)$$

$$=16x-24y-15x+5y$$ 分配法則を使って（ ）をはずす。

$$=(16-15)\,x+(-24+5)\,y$$ 同類項をまとめる。

$$=\underline{\boldsymbol{x-19y}}$$

(12) 〈**文字式の計算**〉 ☞ 本冊P42 POINT3

$$\frac{x+3y}{4}-\frac{3x-5y}{8}$$

分母の最小公倍数の8で通分する。

$$=\frac{2(x+3y)}{8}-\frac{3x-5y}{8}$$

$$=\frac{2x+6y}{8}-\frac{3x-5y}{8}$$

分子をひくとき（ ）をつける。

$$=\frac{2x+6y-(3x-5y)}{8}$$

かっこをはずす。

$$=\frac{2x+6y-3x+5y}{8}$$

同類項をまとめる。

$$=\frac{(2-3)x+(6+5)y}{8}$$

$$=\underline{\frac{\boldsymbol{-x+11y}}{8}}$$

(13) 〈**文字式の計算**〉 ☞ 本冊P43 POINT4

$$-6xy\times9xy^2$$

$$=-6\times9\times xy\times xy^2$$ 数どうし，文字どうしを
それぞれ計算する。

$$=-54\times x^2y^3$$

$$=\underline{\boldsymbol{-54x^2y^3}}$$

(14) 〈**文字式の計算**〉　☞ 本冊P43 POINT4

$$48x^2y^2 \boxed{\div 24x} \times 3xy$$

逆数をかける。

$$= 48x^2y^2 \times \boxed{\frac{1}{24x}} \times 3xy$$

←約分する。

$$= \frac{\overset{2}{48}x^2y^2 \times 3xy}{\underset{1}{24}x} = \underline{\boldsymbol{6x^2y^3}}$$

2

(15) 〈**数の計算と比**〉　☞ 本冊P23 POINT7

$$56 : 42$$

$$= (56 \div \boxed{7}) : (42 \div \boxed{7})$$

公約数の $\boxed{7}$ でわる。

$$= 8 : 6$$

$$= (8 \div \boxed{2}) : (6 \div \boxed{2})$$

さらに公約数の $\boxed{2}$ でわる。

$$= \underline{4 : 3}$$

(16) 〈**数の計算と比**〉　☞ 本冊P23 POINT7

$$\frac{7}{18} : \frac{5}{12}$$

$$= \left(\frac{7}{\underset{1}{18}} \times \overset{2}{\boxed{36}} \right) : \left(\frac{5}{\underset{1}{12}} \times \overset{3}{\boxed{36}} \right)$$

分母の最小公倍数の $\boxed{36}$ をかける。

$$= \underline{14 : 15}$$

3

(17) 〈**文字式の計算**〉　☞ 本冊P44 POINT5

$$3 \boxed{x} + 11$$

$$= 3 \times \boxed{4} + 11$$

$$= \underline{12} + 11$$

$$= \underline{23}$$

(18) **〈文字式の計算〉**　☞ 本冊P44 POINT5

$$-\frac{208}{\boxed{x}}$$

$$=-\frac{208}{\boxed{4}}$$

$$=\underline{-52}$$

4

(19) **〈1次方程式〉**　☞ 本冊P54 POINT1

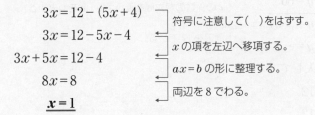

$$3x = 12 - (5x + 4)$$ 符号に注意して（　）をはずす。

$$3x = 12 - 5x - 4$$ x の項を左辺へ移項する。

$$3x + 5x = 12 - 4$$ $ax = b$ の形に整理する。

$$8x = 8$$ 両辺を 8 でわる。

$$\boldsymbol{x = 1}$$

(20) **〈1次方程式〉**　☞ 本冊P55 POINT2

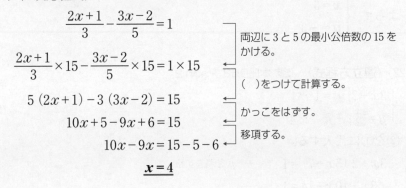

$$\frac{2x+1}{3} - \frac{3x-2}{5} = 1$$ 両辺に 3 と 5 の最小公倍数の 15 をかける。

$$\frac{2x+1}{3} \times 15 - \frac{3x-2}{5} \times 15 = 1 \times 15$$ （　）をつけて計算する。

$$5(2x+1) - 3(3x-2) = 15$$ かっこをはずす。

$$10x + 5 - 9x + 6 = 15$$ 移項する。

$$10x - 9x = 15 - 5 - 6$$

$$\boldsymbol{x = 4}$$

5

(21) 〈連立方程式〉　☞ 本冊P62 POINT1

$$\begin{cases} 5x + 7y = 9 \cdots ① \\ x - 2y = 12 \cdots ② \end{cases}$$

②×5 より，

$$5x - 10y = 60 \cdots ②'$$

①－②′ より，x を消去する。

$$\begin{array}{r} 5x + 7y = 9 \\ -)\ 5x - 10y = 60 \\ \hline 17y = -51 \\ y = -3 \end{array}$$

x の係数の絶対値をそろえて，x を消去する。

両辺を 17 でわる。

$y = -3$ を②に代入して，

$$x - 2 \times (-3) = 12$$
$$x + 6 = 12$$
$$x = 6$$

移項する。

よって，$\begin{cases} x = 6 \\ y = -3 \end{cases}$

(22) 〈連立方程式〉　☞ 本冊P63 POINT2

$$\begin{cases} 3x + 2y = 1 \cdots ① \\ y = 5x + 7 \cdots ② \end{cases}$$

②を①に代入する。

$$3x + 2(5x + 7) = 1 \quad \leftarrow y を消去する。$$
$$3x + 10x + 14 = 1$$
$$13x = -13$$
$$x = -1$$

移項して，$ax = b$ の形に整理する。

両辺を 13 でわる。

$x = -1$ を②に代入して，

$$y = 5 \times (-1) + 7 = 2$$

よって，$\begin{cases} x = -1 \\ y = 2 \end{cases}$

28

6

(23)〈比例と反比例〉　☞ 本冊P70 POINT

y は x に反比例するので，$y = \dfrac{a}{x}$(a は比例定数)と表せる。

$x = -8$ のとき $y = -3$ だから，

$$-3 = \dfrac{a}{-8}$$

$$a = 24$$

したがって，

$$\boldsymbol{y = \dfrac{24}{x}}$$

(24)〈場合の数〉　☞ 本冊P100 POINT

書記にA，会計にBを選ぶことと，書記にB，会計にAを選ぶことは違うから，樹形図は下のようになる。

書記 会計　　　書記 会計　　　書記 会計　　　書記 会計

$A \begin{cases} B \\ C \\ D \end{cases}$　　$B \begin{cases} A \\ C \\ D \end{cases}$　　$C \begin{cases} A \\ B \\ D \end{cases}$　　$D \begin{cases} A \\ B \\ C \end{cases}$

<u>12通り</u>

(25)〈データの分布〉　☞ 本冊P96 POINT

30cmごとに階級を区切っているから，階級の幅は30cmである。

<u>30cm</u>

(26)〈拡大図と縮図・対称な図形〉　☞ 本冊P83 POINT2

右の図の点Cに対応する点だから，イである。

<u>イ</u>

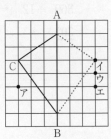

(27)〈**文字式の計算**〉　☞ 本冊P45 Point6

$$2a - 5b - 7 = 0$$

$$-5b = -2a + 7$$ 　2aと−7を移項する。

$$b = \frac{-2a + 7}{-5}$$ 　両辺を−5でわる。

$$b = \frac{-(-2a + 7)}{5}$$ 　分子に（　）をつける。

$$b = \frac{2a - 7}{5}$$ 　符号に注意して（　）をはずす。

よって，**$b = \dfrac{2a - 7}{5}$**

(28)〈**1次関数**〉　☞ 本冊P76 Point1

（2, 3）の x 座標2を x に，y 座標3を y に代入する。

$$3 = a \times 2 + 9$$

$$3 = 2a + 9$$

$$-2a = 6$$

$$a = -3$$

よって，**$a = -3$**

(29)〈**平行線と角・多角形の角**〉　☞ 本冊P89 Point2

正十二角形の12個の内角はすべて等しいから，12個の外角もすべて等し
くなる。

多角形の外角の和は360度だから，

$$360° \div 12 \quad ← 12等分する。$$

$$= \underline{30°}$$

(30) 〈平行線と角・多角形の角〉　☞ 本冊P88 POINT1

右の図のように，点 A，B，C，D，E，F
を定める。

点Bを通って ℓ に平行な直線を引き，ℓ' と
する。

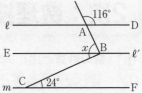

$\angle x = \angle ABE + \angle EBC$

　　　$= \angle DAB + \angle BCF$　← 平行線の錯角は等しい。

　　　$= (180° - 116°) + 24°$

　　　$= \underline{\underline{88°}}$

1 〈数の計算と比〉　☞ 本冊 P19 POINT2, P20 POINT3

(1) 「青いひもの長さは，赤いひもの長さの 何倍」

$\uparrow \frac{7}{20}$m　　　$\uparrow \frac{14}{15}$m

比べられる量　＝　もとにする量　×割合

割合＝比べられる量÷もとにする量 より，

青いひもの長さは，

$$\frac{7}{20} \div \frac{14}{15} = \frac{\overset{1}{7}}{20} \times \frac{\overset{3}{15}}{\underset{2}{14}}$$

$$= \frac{3}{8}(倍)$$

(2) 「赤いひもの長さは，白いひもの長さの $\left(\frac{5}{6}\right)$ 倍」

$\uparrow \frac{14}{15}$m　　$\uparrow$　　$\uparrow$

比べられる量　＝　もとにする量　×割合

もとにする量＝比べられる量÷割合 より，

$$\frac{14}{15} \div \frac{5}{6} = \frac{14}{\underset{5}{15}} \times \frac{\overset{2}{6}}{5}$$

$$= \frac{28}{25}(m)$$

32

2 〈空間図形〉 ☞ 本冊 P146 POINT

(3) ねじれの位置にある直線は，平行でなく交わらない。

辺ABと平行な辺は，

辺DE …①

辺ABと交わる辺は，

辺AC，辺AD，辺BC，辺BE …②

よって，辺ABとねじれの位置にある辺は，

①，②以外の図の○印の辺である。

辺CF，辺DF，辺EF

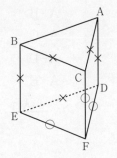

(4) 円錐の体積の求め方は，

$\dfrac{1}{3} \times (底面積) \times (高さ)$

底面の円の半径は３cm，高さは７cmより，

$\dfrac{1}{3} \times 3 \times 3 \times \pi \times 7$ ← 円の面積の求め方は，(半径)×(半径)×π

$= \dfrac{1}{3} \times 9\pi \times 7$ ← 底面積は9πcm²，高さは7cm。

$= \underline{21\pi\ (\mathbf{cm}^3)}$

(5) 球の表面積の求め方は，

$4\pi \times (半径) \times (半径)$

球の半径は６cmより，

$4\pi \times 6 \times 6$

$= \underline{144\pi\ (\mathbf{cm}^2)}$

3 〈場合の数と確率〉 ☞ 本冊 P166 POINT1

(6) Aの試合は,

A-B
A-C
A-D
A-E

よって, **4試合**

	A	B	C	D	E
A		●	●	●	●
B			○	○	○
C				○	○
D					○
E					

(7) (6)の表より, 試合の組み合わせは,

A-B A-C A-D A-E
B-C B-D B-E
C-D C-E
D-E

よって, **10試合**

4 〈関数〉 ☞ 本冊 P124 POINT

(8) 「歯数が12で毎秒3回転する歯車と, 歯数が x で毎秒 y 回転する歯車がかみ合っている」を式に表すと,

$12 \times 3 = x \times y$

$xy = 36$ ┐
　　　　　　両辺を x でわる。
$\boldsymbol{y = \dfrac{36}{x}}$ ◄┘

(9) (8)で求めた式に $x = \boxed{18}$ を代入すると,

$y = \dfrac{36}{\boxed{18}}$

$= 2$

よって, $\boldsymbol{y = 2}$

(10)　(8)で求めた式に $y = \boxed{9}$ を代入すると，

$$\boxed{9} = \frac{36}{x}$$

〔両辺に x をかける。〕

$$9x = 36$$

〔両辺を9でわる。〕

$$\boldsymbol{x = 4}$$

5　〈文字式〉　☞ 本冊 P106 POINT1

(11)　n を整数とする。もっとも小さい奇数を $2n+1$ とすると，連続する3つの奇数は，

$$\boldsymbol{2n+1, \ 2n+3, \ 2n+5}$$

(12)　(11)より，連続する3つの奇数の和に6を加えた数は，

$$(2n+1) + (2n+3) + (2n+5) + 6 = 6n + 15$$
$$= 3(2n+5)$$

もっとも大きい奇数は $2n+5$ だから，$3(2n+5)$ はもっとも大きい奇数の3倍である。

よって，連続する3つの奇数の和に6を加えた数は，もっとも大きい奇数の3倍である。

6　〈数の計算と比〉　☞ 本冊 P21 POINT4

(13)　Dの平均点との差は＋1点

Aの平均点との差は−9点

よって，DとAの得点の差は，

$$(+1) - (-9)$$

〔符号に注意して（ ）をはずす。〕

$$= 1 \boxed{+9}$$
$$= 10$$

したがって，**10点**

(14)　（クラスの平均点）＝（Eの得点）－（平均点との差）

$$= 69 - (-2)$$

$$= 69 + 2$$

$$= 71（点）$$

A，B，C，D，Eの「平均点との差」の和は，

$$(-9) + (+3) + (+17) + (+1) + (-2)$$

$$= -9 + 3 + 17 + 1 - 2$$

$$= 10（点）$$

よって，この5人の平均点は，

（クラスの平均点）＋（「平均点との差」の和）÷5

$$= 71 + 10 ÷ 5$$

$$= 71 + 2$$

$$= \underline{73（点）}$$

別解　クラスの平均点が71点だから，

Aの得点は，$71 - 9 = 62（点）$

Bの得点は，$71 + 3 = 74（点）$

Cの得点は，$71 + 17 = 88（点）$ ← まず，5人の得点を求める。

Dの得点は，$71 + 1 = 72（点）$

Eの得点は，$71 - 2 = 69（点）$

よって，この5人の平均点は，

$$\frac{62 + 74 + 88 + 72 + 69}{5} = \frac{365}{5}$$ ← （平均点）＝（合計得点）÷（人数）

$$= \underline{73（点）}$$

(15) 2直線の交点の座標は，2つの直線の式を連立方程式とみて解くことで求められる。

$$\begin{cases} y = 4x+16 & \cdots ① \\ y = -x+6 & \cdots ② \end{cases}$$

①を②に代入して，

$$4x+16 = -x+6 \quad \text{←移項して整理する。}$$
$$5x = -10$$
$$x = -2$$

②に代入して，

$$y = -(-2)+6$$
$$= 8$$

よって，**A (−2, 8)**

(16) 点Aを通り，△ABCの面積を2等分する直線は，下の図のように，線分BCの中点Pを通る。

点Pの座標は，

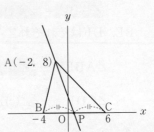

$$\left(\frac{-4+6}{2}, \ \frac{0+0}{2} \right) = (1, \ 0)$$

求める直線の式を $y = ax+b$ とする。

点A (−2, 8)を通るので，

$$8 = -2a+b \quad \cdots ① \quad \text{←} x=-2, \ y=8 \text{を代入する。}$$

点P (1, 0)を通るので，

$$0 = a+b \quad \cdots ② \quad \text{←} x=1, \ y=0 \text{を代入する。}$$

①−②より，b を消去すると，

$$\begin{array}{r} 8 = -2a+b \\ -) \ 0 = \quad a+b \\ \hline 8 = -3a \end{array} \quad \text{←加減法で } b \text{ を消去する。}$$

$$\text{←両辺を} -3 \text{でわる。}$$

$$a = -\frac{8}{3}$$

$a = -\dfrac{8}{3}$ を②に代入して, $0 = -\dfrac{8}{3} + b$

$$b = \dfrac{8}{3}$$

よって, 求める直線の式は,

$$\underline{\boldsymbol{y = -\dfrac{8}{3}\boldsymbol{x} + \dfrac{8}{3}}}$$

8 〈三角形の合同〉 ☞ 本冊 P140 POINT

(17) BEとDFがそれぞれ含まれる△ABEと△CDFを考える。

　よって, <u>△ABEと△CDF</u>

(証明) △ABEと△CDFにおいて,

　平行四辺形の向かい合う辺は等しいので,

$$AB = CD \qquad \cdots ①$$

　平行四辺形の対角は等しいので,

$$\angle A = \angle C \qquad \cdots ②$$

$$\boxed{\angle ABC} = \boxed{\angle CDA} \qquad \cdots ③$$

BE, DFはそれぞれ∠ABC, ∠CDAの二等分線だから,

$$\angle ABE = \dfrac{1}{2}\boxed{\angle ABC} \qquad \cdots ④$$

$$\angle CDF = \dfrac{1}{2}\boxed{\angle CDA} \qquad \cdots ⑤$$

③, ④, ⑤より,

$$\angle ABE = \angle CDF \qquad \cdots ⑥$$

①, ②, ⑥より, 1組の辺とその両端（りょうたん）の角がそれぞれ等しいので,

$$\triangle ABE \equiv \triangle CDF$$

合同な図形では, 対応する辺の長さは等しいので,

$$BE = DF \,（証明終）$$

(18) (17)の証明より, その答えを求めることができる。

<u>**1組の辺とその両端の角がそれぞれ等しい**</u>

(19)　最頻値は，度数がもっとも多い階級の階級値である。度数がもっとも多いのは，40分以上60分未満の階級の32人で，その階級値は，

　　　$(40+60) \div 2 = \underline{\textbf{50（分）}}$

(20)　80人のデータだから，中央の40番目と41番目のデータの値の平均が中央値である。0分以上20分未満の階級の度数が13人で，20分以上40分未満の階級までの累積度数が41人だから，中央値が含まれる階級は20分以上40分未満の階級である。求める相対度数は，

　　　$28 \div 80 = \underline{\textbf{0.35}}$　← 相対度数＝（階級の度数）÷（度数の合計）

1

(1) 〈**数の計算と比**〉　☞ 本冊P18 POINT1

$$\frac{9}{35} \times \frac{5}{27}$$

分母どうし，分子どうしをかける。

$$= \frac{9 \times 5}{35 \times 27}$$

約分する。

$$= \frac{1}{21}$$

(2) 〈**数の計算と比**〉　☞ 本冊P18 POINT1

$$\frac{8}{39} \div \frac{12}{13}$$

わる数の逆数をかける。

$$= \frac{8}{39} \times \frac{13}{12}$$

$$= \frac{8 \times 13}{39 \times 12}$$

約分する。

$$= \frac{2}{9}$$

(3) 〈**数の計算と比**〉　☞ 本冊P19 POINT2

$$\frac{2}{45} \times \frac{3}{8} \div \frac{1}{6}$$

わる数を逆数にして，かけ算だけの式に直す。

$$= \frac{2}{45} \times \frac{3}{8} \times \frac{6}{1}$$

$$= \frac{2 \times 3 \times 6}{45 \times 8 \times 1}$$

約分する。

$$= \frac{1}{10}$$

(4) 〈数の計算と比〉　☞ 本冊P18 POINT1

$$\frac{6}{13} \times \left(\frac{5}{6} - \frac{1}{2}\right)$$

かっこの中を通分する。

$$= \frac{6}{13} \times \left(\frac{5}{6} - \frac{3}{6}\right)$$

$$= \frac{\overset{1}{6}}{13} \times \frac{2}{\underset{1}{6}}$$

約分して計算する。

$$= \frac{2}{13}$$

(5) 〈数の計算と比〉　☞ 本冊P20 POINT3

$$4\frac{9}{10} \div \frac{7}{15} \times 1.6$$

帯分数と小数を仮分数に直す。 $4\frac{9}{10} = \frac{10 \times 4 + 9}{10} = \frac{49}{10}$

$$= \frac{49}{10} \div \frac{7}{15} \times \frac{16}{10}$$

わる数を逆数にして，かけ算だけの式に直す。

$$= \frac{49}{10} \times \frac{15}{7} \times \frac{16}{10}$$

$$= \frac{\overset{7}{49} \times \overset{3}{15} \times \overset{8}{16}^{4}}{\underset{1}{10} \times \underset{1}{7} \times \underset{5}{10}}$$

約分する。

$$= \frac{84}{5}$$

(6) 〈数の計算と比〉　☞ 本冊P20 POINT3

$$1.75 + \frac{3}{4} \div 0.4$$

小数を分数に直す。

$$= \frac{\overset{7}{\cancel{175}}}{\underset{4}{\cancel{100}}} + \frac{3}{4} \div \frac{\overset{2}{\cancel{4}}}{\underset{5}{\cancel{10}}}$$

約分する。

$$= \frac{7}{4} + \frac{3}{4} \div \frac{2}{5}$$

わる数の逆数をかける。

$$= \frac{7}{4} + \frac{3}{4} \times \frac{5}{2}$$

$$= \frac{7}{4} + \frac{3 \times 5}{4 \times 2}$$

$$= \frac{7}{4} + \frac{15}{8}$$

通分する。

$$= \frac{14}{8} + \frac{15}{8}$$

$$= \underline{\frac{29}{8}}$$

(7) 〈数の計算と比〉　☞ 本冊P21 POINT4

$$-3 - (-7) + (-6)$$

符号に注意して（　）をはずす。

$$= \boxed{-3} \; \boxed{+7} \; \boxed{-6}$$

負の項の和を求める。

$$= 7 - 9$$

$$= \underline{-2}$$

(8) 〈数の計算と比〉　☞ 本冊P22 POINT5，P23 POINT6

$$(-3)^3 - 4^2$$

$$= (\boxed{-}3) \times (\boxed{-}3) \times (\boxed{-}3) - 4 \times 4$$

$$= \boxed{-}27 - 16$$

$$= \underline{-43}$$

(9) 〈**文字式の計算**〉　☞ 本冊P40 POINT1

$$9x + 6 - (-x + 3)$$

符号に注意して（　）をはずす。

$$= 9x + 6 + x - 3$$

文字の項，数の項をまとめる。

$$= (9 + 1)x + (6 - 3)$$

$$= \underline{10x + 3}$$

(10) 〈**文字式の計算**〉　☞ 本冊P41 POINT2

$$0.9(8x - 7) + 0.6(2x - 5)$$

分配法則を使って（　）をはずす。

$$= 7.2x - 6.3 + 1.2x - 3$$

文字の項，数の項をまとめる。

$$= \underline{8.4x - 9.3}$$

(11) 〈**文字式の計算**〉　☞ 本冊P41 POINT2

$$8(2x - 3y) - (9x - 4y)$$

分配法則を使って（　）をはずす。

$$= 16x - 24y - 9x + 4y$$

同類項をまとめる。

$$= \underline{7x - 20y}$$

(12) 〈**文字式の計算**〉　☞ 本冊P42 POINT3

$$\frac{x - y}{3} + \frac{4x - y}{6}$$

分母の最小公倍数の6で通分する。

$$= \frac{2(x - y) + (4x - y)}{6}$$

分配法則を使って（　）をはずす。

$$= \frac{2x - 2y + 4x - y}{6}$$

同類項をまとめる。

$$= \frac{6x - 3y}{6}$$

（　）を使って3の倍数であることを示す。

$$= \frac{\overset{1}{3}(2x - y)}{\underset{2}{6}}$$

約分する。

$$= \underline{\frac{2x - y}{2}}$$

(13) **〈文字式の計算〉** ☞ 本冊P43 POINT4

$7x^2y^3 \times (-9xy^2)$

$= \underline{\boldsymbol{-63x^3y^5}}$

(14) **〈文字式の計算〉** ☞ 本冊P43 POINT4

$-39xy^2 \div (-13x^3y) \times 4x^2y$

$= -39xy^2 \times \dfrac{1}{-13x^3} \times 4x^2y$ ← 逆数をかける。

$= \dfrac{\overset{3}{-39}xy^2 \times 4x^2y}{\underset{1}{-13}x^3y}$

約分する。

$= \underline{\boldsymbol{12y^2}}$

2

(15) **〈数の計算と比〉** ☞ 本冊P23 POINT7

$30 : 75$

$= (30 \div 15) : (75 \div 15)$ ← 最大公約数の15でわる。

$= \underline{\boldsymbol{2 : 5}}$

(16) **〈数の計算と比〉** ☞ 本冊P23 POINT7

$\dfrac{3}{4} : \dfrac{5}{6}$

$= \left(\dfrac{3}{4} \times \overset{3}{\underset{1}{12}} \right) : \left(\dfrac{5}{6} \times \overset{2}{\underset{1}{12}} \right)$ ← 分母の最小公倍数の12をかける。

$= \underline{\boldsymbol{9 : 10}}$

3

(17) 〈**文字式の計算**〉　☞ 本冊P44 POINT5

$5x + 23$
$= 5 \times (-8) + 23$　負の数を代入するときは，必ず（ ）をつける。
$= -40 + 23$
$= \underline{-17}$

(18) 〈**文字式の計算**〉　☞ 本冊P44 POINT5

x^2
$= (-8)^2$　負の数を代入するときは，必ず（ ）をつける。
$= (-8) \times (-8)$
$= \underline{64}$

4

(19) 〈**1次方程式**〉　☞ 本冊P54 POINT1

$x - 12 = 6x + 3$
$x - 6x = 3 + 12$　x の項は左辺へ，数の項は右辺へ移項する。
$-5x = 15$　両辺を -5 でわる。
$\underline{\bm{x = -3}}$

(20) 〈**1次方程式**〉　☞ 本冊P55 POINT2

$$\dfrac{x-6}{2} = \dfrac{4x-14}{3}$$

$$\dfrac{x-6}{\underset{1}{2}} \times \overset{3}{6} = \dfrac{4x-14}{\underset{1}{3}} \times \overset{2}{6}$$　両辺に分母の最小公倍数の6をかける。

$3(x-6) = 2(4x-14)$　（ ）をつけて計算する。
$3x - 18 = 8x - 28$　かっこをはずす。
$3x - 8x = -28 + 18$　移項する。
$-5x = -10$　両辺を -5 でわる。
$\underline{\bm{x = 2}}$

5

(21)〈連立方程式〉 ☞ 本冊P62 POINT1

$$\begin{cases} -5x+9y=3 & \cdots① \\ -3x+13y=17 & \cdots② \end{cases}$$

②×5−①×3より，x を消去する。

$$-15x+65y=85$$
$$-)\ -15x+27y=9$$
$$38y=76$$
$$y=2$$

┐両辺を 38 でわる。

$y=2$ を①に代入して，

$$-5x+9×2=3$$
$$-5x+18=3$$
$$-5x=-15$$
$$x=3$$

┐移項する。
┐両辺を −5 でわる。

よって，$\begin{cases} \boldsymbol{x=3} \\ \boldsymbol{y=2} \end{cases}$

(22)〈連立方程式〉 ☞ 本冊P63 POINT2

$$\begin{cases} y=-2x+4 & \cdots① \\ y=x-14 & \cdots② \end{cases}$$

①を②に代入する。

$$-2x+4=x-14$$
$$-3x=-18$$
$$x=6$$

←y を消去する。
┐移項する。
┐両辺を −3 でわる。

$x=6$ を②に代入して，

$$y=6-14=-8$$

よって，$\begin{cases} \boldsymbol{x=6} \\ \boldsymbol{y=-8} \end{cases}$

6

(23) 〈**拡大図と縮図・対称な図形**〉　☞ **本冊P82 POINT1**

　　点Dから点Aは，左に1目もり，上に1目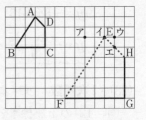
もりだから，2倍の長さになるように，点H
から左に2目もり，上に2目もりの位置に，点
Eをかき入れる。右図より，点Eとなる点は**イ**
である。

(24) 〈**場合の数**〉　☞ **本冊P100 POINT**

　3人をA，B，Cとする。この3人からプリントを届ける2人を選ぶ
組み合わせ方の樹形図は下のようになる。

$$A \overset{B}{\underset{C}{<}} \qquad B \text{---} C$$

3通り

(25) 〈**比例と反比例**〉　☞ **本冊P70 POINT**

　y は x に比例するので，$y = ax$（a は比例定数）と表せる。
　$x = 6$ のとき $y = -24$ だから，

$$-24 = a \times 6$$
$$6a = -24$$
$$a = -4$$

したがって，**$y = -4x$**

(26) 〈**データの分布**〉　☞ **本冊P96 POINT**

　最大値が10で最小値が2だから，範囲は，

$$10 - 2 = \underline{8}$$

(27)〈**文字式の計算**〉 ☞ 本冊P45 POINT6

$8x + 9y = 15$

$9y = -8x + 15$ ← $8x$ を移項する。

$y = \dfrac{-8x + 15}{9}$ ← 両辺を9でわる。

(28)〈**1次関数**〉 ☞ 本冊P76 POINT1

$(4,\ 12)$ の x 座標4を x に，y 座標12を y に代入する。

$12 = a \times 4 + 4$

$12 = 4a + 4$

$a = 2$

(29)〈**平行線と角・多角形の角**〉 ☞ 本冊P89 POINT2

正 n 角形の1つの内角の大きさの公式 $180° - \dfrac{360°}{n}$ に $n = 10$ を代入して，

$180° - \dfrac{360°}{10} = 180° - 36°$

$\qquad\qquad = \underline{144°}$

(30)〈**平行線と角・多角形の角**〉 ☞ 本冊P88 POINT1

$\angle\text{BAD} = 180° - 154° = 26°$

$\angle\text{BCF} = 180° - 141° = 39°$

右の図のように，ℓ に平行な直線BEを引く。

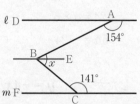

$\angle x = \angle\text{ABE} + \angle\text{CBE}$ ← 平行線の錯角は等しい。

$\quad = \angle\text{BAD} + \angle\text{BCF}$

$\quad = 26° + 39°$

$\quad = \underline{65°}$

2次：数理技能検定 ▷ 解答と解説

1 〈文字式〉

(1) x km の道のりのうち，1.5km走った残りの道のりが y km だから，

$$\underline{x-1.5=y}$$

(2) $x+50=y$ は x と50の和が y であることを表している。

　①x から50をひいた差が y であることを表している。→ $x-50=y$

　②x を50でわった商が y であることを表している。→ $x÷50=y$

　③x と50の積が y であることを表している。→ $x×50=y$

　④x と50の和が y であることを表している。→ $x+50=y$

　よって，④

2 〈空間図形〉 ☞ 本冊P146 POINT

(3) **角柱の体積＝底面積×高さ** より，求める体積は，

　$65×16=\underline{1040}$ （cm^3）

(4) 底面が，底辺12cmで高さ5cmの直角三角形だから，求める体積は，

　$(12×5÷2)×6=\underline{180}$ （cm^3）

3 〈場合の数と確率〉 ☞ 本冊P166 POINT1

(5) 麺の硬さの3つの選択肢それぞれに，スープの辛さの4つの選択肢が考えられる。麺の硬さとスープの辛さから1つずつ選んだ組み合わせの樹形図は次のようになる。

よって，<u>12通り</u>

(6) 麺の硬さの選択肢それぞれにスープの辛さの選択肢が考えられ，スープの辛さの選択肢それぞれに麺の量の選択肢が考えられる。麺の硬さとスープの辛さの選び方と麺の量から1つずつ選んだ組み合わせの樹形図は次のようになる。

よって，<u>24通り</u>

4 〈正負の数〉

(7) 絶対値は，数直線上での0からの距離だから，0から最も離れている−4の絶対値4が最大である。

よって，<u>−4</u>

(8) 差の最大値は，最大の数から最小の数をひいた値で，最大の数が3で最小の数が−4だから，求める値は，

$3-(-4)=3+4=\underline{7}$

(9) 異なる2つの数の積の最大値は正の数である。正の数の大きいほうから順に選んだ2つの数の積は，

$3 \times 1 = 3$

また，負の数どうしの積は，絶対値が大きいほど大きくなるから，負の数の小さいほうから順に選んだ2つの数の積は

$(-4) \times (-1.5) = 6$

よって，積の最大値は<u>6</u>

(10) 反比例は，x の値が 2 倍，3 倍，…になるにつれ，y の値が $\dfrac{1}{2}$ 倍，

$\dfrac{1}{3}$ 倍，…になる。表で x の値が -1 から -3 に 3 倍になると，y の値が

-24 から $\dfrac{1}{3}$ 倍になるから，アにあてはまる数は，

$$-24 \times \dfrac{1}{3} = \underline{-8}$$

(11) y は x に反比例するので，$y = \dfrac{a}{x}$（a は比例定数）と表せる。

$x = 1$ のとき $y = 24$ だから，

$$24 = \dfrac{a}{1}$$

$$a = 24$$

よって，$\underline{\boldsymbol{y = \dfrac{24}{x}}}$

(12) $y = \dfrac{24}{x}$ に $x = -40$ を代入すると，

$$y = \dfrac{\overset{3}{24}}{-\underset{5}{40}}$$

$$= \underline{-\dfrac{3}{5}}$$

6 〈方程式〉 ☞ 本冊P112 POINT

(13) 1個160円の大福x個と1個90円のおはぎy個を買って，払った代金が1570円だから，

$$160x + 90y = 1570$$

(14) 大福とおはぎの個数の合計から，個数についての方程式は，$x + y = 12$である。(13)の式とともに連立方程式をつくる。

$$\begin{cases} 160x + 90y = 1570 \cdots ① \\ x + y = 12 \qquad\qquad \cdots ② \end{cases}$$

①$-$②$\times 90$より，

$$
\begin{array}{r}
160x + 90y = 1570 \\
-)\quad 90x + 90y = 1080 \\
\hline
70x \qquad\quad = 490 \\
x = 7
\end{array}
$$

$x = 7$を②に代入して，

$$7 + y = 12$$
$$y = 5$$

これらの解は問題に合っている。

よって，**大福…7個，おはぎ…5個**

7 〈関数〉 ☞ 本冊P124 POINT

(15) 1次関数$y = ax + b$のグラフの傾きaが$a = \dfrac{3}{4}$で，切片bはグラフとy軸との交点のy座標だから$b = 5$である。

よって，$\boldsymbol{y = \dfrac{3}{4}x + 5}$

(16)　$y=k$ (k は定数) のグラフは $(0,\ k)$ を通り
　　x 軸に平行な直線で，$x=h$ (h は定数) のグラ
　　フは $(h,\ 0)$ を通り y 軸に平行な直線である。

$$4x-12=0$$
$$4x=12$$
$$x=3$$

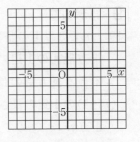

　　方程式 $4x-12=0$ のグラフは，$(3,\ 0)$ を通り y 軸に平行な直線である。
　　よって，<u>右上の図</u>

8　〈平行線の角・多角形の角〉　☞本冊 P88 POINT 1，P89 POINT 2

(17)　n 角形の内角の和の公式　$180°\times(n-2)$ に $n=6$ を代入して，
　　$180°\times(6-2)=720°$
　　∠FAB の大きさは，他の 5 つの角の和をひいて求めるから，
　　　∠FAB $= 720°-(105°+75°+140°+140°+90°)$
　　　　　　　$= 720°-550°$
　　　　　　　$= \underline{\mathbf{170°}}$

(18)　∠ABC $+$ ∠BCD $= 105°+75°=180°$ より，
　　多角形のとなりあう内角の和が180度であれば，
　　右の図のように，辺ABを延長すると錯角が等
　　しくなる。錯角が等しいから，**AB∥DC**
　　なお，下の図より，他に平行な辺の組み合わ
　　せはないと確認できる。

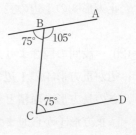

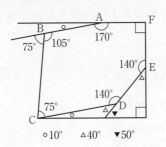

53

9 〈規則性〉

(19) n を3以上の整数とする。

　正方形ⓝの1辺の長さは，正方形 $n-1$ までの正方形を組み合わせてできる長方形の長いほうの辺の長さと等しいので，正方形 $n-2$ ， $n-1$ の1辺の長さの和に等しい。

　正方形①，②の1辺の長さは1cmなので，正方形③の1辺の長さは，1+1=2（cm），正方形④の1辺の長さは，1+2=3（cm）

 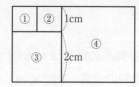

　これをまとめると，下の表のようになる。

正方形	①	②	③	④	⑤	⑥	⑦	…
1辺の長さ（cm）	1	1	2	3	5	8		…

(①+②)(②+③)(③+④)(④+⑤)

　よって，

正方形⑦の1辺の長さは，5+8=13（cm）

正方形⑧の1辺の長さは，8+13=**21（cm）**

(20)　設問の図3より，④までの4個の正方形の面積の和が，短いほうの辺が正方形④の1辺で，長いほうの辺が正方形（③+④=）⑤の1辺の長さの長方形の面積とわかる。

　正方形①から⑩までの10個の正方形の面積の和は，短いほうの辺が正方形⑩の1辺で，長いほうの辺が正方形⑪の1辺の長さである長方形の面積である。

　(19)より，

正方形⑨の1辺の長さは，13+21=34（cm）

正方形⑩の1辺の長さは，21+34=55（cm）

正方形⑪の1辺の長さは，34+55=89（cm）

　よって，求める面積は，55×89=**4895（cm²）**